普通高等学校消防安全教育读本

消防安全

XIAO FANG AN QUAN

应急管理部消防救援局 编

U0661890

灭火器

119

知识出版社
Knowledge Publishing House

图书在版编目（CIP）数据

普通高等学校消防安全教育读本：消防安全／应急
管理部消防救援局编 . -- 北京：知识出版社，2020.4
　ISBN 978-7-5215-0163-6

　Ⅰ. ①普… Ⅱ. ①应… Ⅲ. ①消防－安全教育－高等
学校－教材 Ⅳ. ① TU998.1

　中国版本图书馆 CIP 数据核字(2020)第039800号

普通高等学校消防安全教育读本：消防安全　　　应急管理部消防救援局　编

出 版 人	姜钦云
责任编辑	张京涛　郭文婷
装帧设计	迈领国际文化发展（北京）有限公司
出版发行	知识出版社
地　　址	北京市西城区阜成门北大街 17 号
邮　　编	100037
电　　话	010-88390659
印　　刷	环球东方（北京）印务有限公司
开　　本	185mm×260mm　1/16
印　　张	10.5
字　　数	199 千字
版　　次	2020 年 4 月第 1 版
印　　次	2020 年 4 月第 1 次印刷
书　　号	ISBN 978-7-5215-0163-6
定　　价	28.00 元

前　言

大学生是国家和民族的希望与未来。重视当代大学生的安全教育，加强消防安全知识的教学与实践，不仅对保障在校大学生的人身和财产安全，维护高校正常的教学、科研及管理秩序有重要作用，而且对于帮助他们树立消防安全理念，增强消防法制意识，培养基本的火灾预防与应急处置技能，带动身边的人关注、重视消防安全，提升全民消防安全素质，推动平安社会建设，都有着十分重要的意义。

根据 2019 年 4 月 23 日第十三届全国人民代表大会常务委员会第十次会议修订通过的《中华人民共和国消防法》和《高等学校消防安全管理规定》（教育部、公安部令第 28 号）、《普通高等学校消防安全工作指南》（教发厅函〔2017〕5 号）、《教育部办公厅关于做好高等学校消防安全工作的通知》（教发厅函〔2019〕53 号）等法律法规与文件要求，应急管理部消防救援局根据当前普通高等学校消防安全教育培训的需要，组织有关专家编写了《消防安全》读本。旨在通过较为系统、专业的介绍，指导师生了解我国消防法律法规和消防管理基本体系，学习有关燃烧、火灾、易燃易爆危险品的基础知识，火灾预防、初起火灾扑救、消防器材设施使用、应急疏散、自救互救等基本技能，有效提高普通高等学校消防安全管理与消防安全教育培训水平。

本书主要编写人员有：高智慧、姜波、李胜、韩海云、景绒、郑兰芳、姜连瑞、贾水库。参与编审工作的有陈明君、杨跃平、管志远、丁鹏玉、孙毅、陶明法、王建辉、孙毅军、罗献华、彭楠、郝自强、黄鹏、王娴、胡锐、郭世东等同志。全书由周久经统稿，雷进德、刘彦波同志审定。

北京大学、清华大学、北京航空航天大学、北京工业大学、北京交通大学、中国人民警察大学；北京市教育工委；内蒙古、上海、江苏、湖北消防救援总队；知识出版社等单位对本书的编辑出版工作给予了大力支持。编写过程中，编者参阅了有关文献资料及研究成果，在此一并表示感谢。

本书可供普通高等学校开展消防安全课程教学时使用，也可作为对学校所属单位职工及保卫人员进行安全培训时参考。

编写普通高等学校消防安全教育读本是首次尝试，疏漏之处在所难免，敬请读者批评指正。

编　者

2020 年 1 月

目　录

第一章 绪 论

消防安全，事关社会稳定、经济发展和人民群众安居乐业，是社会公共安全的重要组成部分。学习了解我国消防法律法规，准确认识我国消防安全形势，深刻理解每个公民所应担负的消防安全义务与责任，是当代大学生关注消防、学习消防、参与消防，提升安全素质的基础与前提。本章主要介绍当前我国消防工作方针与原则、面临的形势与任务、高等学校消防安全管理和消防安全教育的重点与方法，以及大学生的消防安全义务与责任等内容。

第一节 我国消防工作概述

一、消防工作方针和原则

《中华人民共和国消防法》规定：消防工作贯彻预防为主、防消结合的方针，按照政府统一领导、部门依法监管、单位全面负责、公民积极参与的原则，实行消防安全责任制，建立健全社会化的消防工作网络。

"预防为主、防消结合"这一方针科学、准确地表达了"防"和"消"的辩证关系，反映了人们同火灾作斗争的客观规律。"预防为主、防消结合"，就是要把预防和扑救火灾两个基本手段结合起来，同火灾作斗争。一方面，坚持把火灾预防放在首位，通过完善人防、物防、技防、协防等各种措施，消除火灾隐患；另一方面，在做好预防工作的同时，切实做好扑救火灾、抢险救援的各项准备工作，一旦发生火灾，能够及时发现、有效扑救，最大限度地减少人员伤亡和财产损失。"防"与"消"是辩证统一、有机结合的整体，互相联系，相辅相成，缺一不可。

"政府统一领导、部门依法监管、单位全面负责、公民积极参与"这一原则明确了政府、部门、单位、公民都是消防工作的责任主体，充分体现了我国消防工作的依法管理原则、社会化原则、责任性原则、群众参与原则。政府统一领导，是指各级政府作为公共安全的决策者和管理者，依法担负消防安全的领导责任，从总体上规划、指挥、部署、支持和协调全国或本行政区域的消防工作；部门依法监管，是指有关部门在各自职责范围内，根据本行业、系统的特点，根据法律规定和技术要求，以及政府总体部署，负责消防工作的具体实施和监督管理；单位全面负责，是指社会单位要对消防安全负总责，积极履行法律赋予的消防工作职责，全面落实自我管理、自我检查、自我整改要求，全力确保本单位消防安全；公民积极参与，是指公民要以主人翁的姿态，积极履行维护消防安全义务，发挥消防工作的参与者、监督者作用，做到火灾隐患"自知、自查、自改"，让每一个社会成员受益，共同维护、营造良好的消防安全环境。

二、消防安全责任制体系

建立健全消防安全责任制，是我国消防工作长期实践的经验总结。1957 年施行的《中华人民共和国消防监督条例》规定，在企业、事业、合作社实行防火责任制度。1984 年施行的《中华人民共和国消防条例》和 1987 年施行的《中华人民共和国消防条例实施细则》规定，机关、企业、事业单位实行防火责任制度。1998 年施行的《中华人民共和国消防法》将防火安全责任制作为消防工作制度。2019 年 4 月修订的《中华人民共和国消防法》，将"实行消防安全责任制，建立健全社会化的消防工作网络"，正式予以明确。

落实各级政府和各行业、部门、单位消防安全责任制，是一项长期而艰巨的系统工程。无数火灾教训证明，消防安全责任制不健全、落实不到位，往往是导致发生火灾事故的"罪魁祸首"。

习近平总书记关于安全工作曾作出重要批示，强调落实安全生产责任制，要落实行业主管部门直接监管、安全监管部门综合监管、地方政府属地监管，坚持管行业必须管安全，管业务必须管安全，管生产经营必须管安全，而且要"党政同责、一岗双责、齐抓共管"。2017 年 10 月 29 日，国务院办公厅印发《消防安全责任制实施办法》，将"党政同责、一岗双责、齐抓共管、失职追责"确定为消防安全责任制的总体原则，这也是各级党委、政府抓好消防工作的根本遵循。

（一）党政同责

党政同责是指各级党委、政府对消防工作都负有领导责任。加强社会治理、确保消防安全、维护社会安定、保障人民群众安居乐业是各级党委、政府必须承担的重要责任。从实践上看，各级党委、政府普遍将消防工作纳入重要议事日程，实行党政同管、同抓、同责，在推动解决消防安全重大问题、提高公共消防安全水平方面取得了良好效果。

（二）一岗双责

一岗双责是指领导干部既要承担业务工作、确保各项目标任务的完成，又要承担分管领域的消防工作、确保本领域消防安全，实现业务工作和消防工作同步发展。落实消防安全"一岗双责"既是法律要求，也是职责所系。各级党委政府、行业部门和社会单位要将消防工作与业务工作同部署、同检查、同落实，结合实际，制定完善消防管理规定，建立健全常态化消防工作机制，不断提升消防管理整体水平。

（三）齐抓共管

齐抓共管是指政府、部门、单位、公民都是消防工作的主体，只有落实好政府属地管理责任、行业部门监管责任、社会单位主体责任、公民自我管理责任，做到各司其职、各负其责，消防工作才能形成齐抓共管的合力、发挥群策群力的效能，实现公共消防长治久安。尤其是作为消防安全的责任主体，单位对自身的消防安全状况全面负责，对未依法履行消防工作职责或违反消防法律法规和单位消防安全制度的行为，依法承担相应责任，做到安全自查、隐患自除、责任自负，这是机关、团体、企业、事业等单位建立并落实消防安全责任制的基本原则。

（四）失职追责

失职追责是指对未履行职责或不正确履行职责的，依法依规严肃处理并追究有关人员的责任。各级政府要明确消防工作责任主体的权力清单和责任清单，厘清责任边界，做到履职有依据、追责有出处。同时，要将督查检查、目标考核、责任追究、结果运用有机结合起来，形成保障消防工作职责有效落实的强大推动力。

三、我国消防力量构成

消防工作的社会化决定了我国消防力量构成的多元化。近年来，我国的消防力量不断发展壮大，初步形成了以国家综合性消防救援队伍为主体；政府专职消防队、企事业单位专职消防队为补充；微型消防站、志愿消防队、义务消防组织为基础，覆盖城乡的中国特色消防力量体系。我国消防法规定，"县级以上地方人民政府应当按照国家规定建立国家综合性消防救援队、专职消防队，并按照国家标准配备消防装备，承担火灾扑救工作，同时承担重大灾害事故和其他以抢救人员生命为主的应急救援工作，发挥骨干作用。"至2018年底，国家综合性消防救援队伍已发展到20余万人，其他专职消防力量50余万人，微型消防站力量80余万人，全国县级以上行政区域实现了消防力量的全覆盖。

通过加强消防宣传教育，广大公民遵守消防法规、学习消防知识的自觉性不断增强，"关注消防安全、参与消防工作"已成为社会文明风尚，共同维护公共消防安全已成为社会各界普遍共识。全民参与，是做好消防工作的重要基础和根本保障。

（一）国家综合性消防救援队伍

根据中共中央办公厅、国务院办公厅2018年10月印发的《组建国家综合性消防救援队伍框架方案》，国家综合性消防救援队伍由应急管理部管理，实行统一领导、分级指挥。各省、市、县级分别设有消防救援总队、支队、大队，并根据需要组建承担跨区域应急救援任务的专业机动力量。设置专门的"中国消防救援队"队旗、队徽、队训、队服，消防救援人员设有专门的衔级职级序列，是应急救援的主力军和国家队，承担着防范化解重大安全风险、应对处置各类灾害事故的重要职责。

2018年11月9日，中共中央总书记、国家主席、中央军委主席习近平向国家综合性消防救援队伍授旗并致训词。习近平同志强调，组建国家综合性消防救援队伍，是党中央适应国家治理体系和治理能力现代化作出的战略决策，是立足我国国情和灾害事故特点、构建新时代国家应急救援体系的重要举措，对提高防灾减灾救灾能力、维护社会公共安全、保护人民生命财产安全具有重大意义。国家消防救援队伍要对党忠诚、纪律严明、赴汤蹈火、竭诚为民，在人民群众最需要的时候冲锋在前，救民于水火，助民于危难，给人民以力量，为维护人民群众生命财产安全而英勇奋斗。

国家综合性消防救援队伍遵循习近平总书记"对党忠诚、纪律严明、赴汤蹈火、竭诚为民"的总要求，按照正规化、专业化、职业化的建设方向，昼夜执勤，闻警出动，保卫着我们幸福平安的生活，被誉为"最美逆行者"。

图1-1 举行授旗、授衔和换装仪式

（二）政府专职消防队

政府专职消防队是除国家综合性消防救援队伍以外，由地方人民政府出资组建和管理的以扑救火灾、应急救援为主要任务的专职消防组织，接受当地国家综合性消防救援队伍的业务指导。这是《中华人民共和国消防法》和国务院办公厅《消防安全责任制实施办法》等法律、规章赋予地方各级人民政府的基本公共服务职责之一，是现阶段我国消防力量体系的重要组成部分，也是构建社会消防治理体系、提高社会消防治理能力的重要内容。

（三）企业事业单位专职消防队

企业事业单位专职消防队是指由企业事业单位组建、管理的专职消防队，接受当地国家综合性消防救援队伍的业务指导。《中华人民共和国消防法》第三十九条规定，下列单位应当建立单位专职消防队，承担本单位的火灾扑救工作：一是大型核设施单位、大型发电厂、民用机场、主要港口；二是生产、储存易燃易爆危险品的大型企业；三是储备可燃重要物资的大型仓库、基地；四是火灾危险性较大、距离国家综合性消防救援队较远的其他大型企业；五是距离国家综合性消防救援队较远、被列为全国重点文物保护单位的古建筑群的管理单位。组建单位专职消防队是落实消防安全主体责任的具体要求，是企业维护自身消防安全的重要力量，也是社会火灾防控体系的重要组成部分。

（四）其他消防力量

《中华人民共和国消防法》和国务院办公厅《消防安全责任制实施办法》明确要求，机关、团体、企业、事业单位以及村民委员会、居民委员会根据需要，建立志愿消防队、微型消防站等多种形式的消防组织，开展群众性的自防自救工作，实现"救早、救小"的目标，把火灾扑灭在初起阶段。

志愿消防队是指自愿、无偿从事宣传教育、火灾扑救的组织，包括兼职消防队、义务消防队以及由乡镇政府、社会单位、村民委员会、居民委员会和热心消防公益事业群众建立的各类公益性消防组织。微型消防站是依托社区、消防安全重点单位自有安防力量建成的志愿性质的消防管理组织，其主要任务是负责辖区、单位日常消防安全巡查、宣传培训教育及初起火灾扑救，是处于社会最末端火灾防控力量。

高等学校作为人员密集场所和消防安全重点单位，大多建有形式多样的群众性消防组织。志愿消防队、微型消防站，以及大学生消防志愿者作为基层单位群众性

图 1-2 微型消防站

消防力量，在火灾预防和初起火灾扑救中发挥了重要作用。

另外，随着形势的发展和社会需要，多种形式的社会救援力量近年来蓬勃发展。这些公益组织具有资源丰富、贴近一线、组织灵活的优势，发展速度快、参与热情高、活动范围广、服务领域宽，在灾害事故应急救援中发挥着日益重要的作用，是我国应急救援体系不可或缺的重要组成部分。

四、当前消防安全形势

据统计，20世纪50年代，我国平均每年发生火灾6万起，火灾损失约0.6亿元。改革开放后，经济社会得到了迅速发展，火灾总量和火灾损失也明显上升，20世纪90年代，全国平均每年发生火灾7.5万起，火灾损失10.6亿元。2009年至2018年的十年间，全国共接报亡人火灾10815起，有15193人在火灾中遇难。其中，较大和重特大火灾有677起，死亡3626人，财产损失81.7亿元。

2016年，国际消防技术委员会（CTIF，又称国际消防与救援协会）的火灾数据统计中心（CFS）发布的世界各国火灾统计研究报告显示：2010～2014年，世界220个国家和地区中火灾总量最多的是美国，美国年均火灾数量在120万～140万起之间。英国、法国、德国、俄罗斯、波兰、中国、印度、巴西、意大利、墨西哥、澳大利亚、阿根廷等13个国家，每年火灾数量在10万～35万起之间。日本、印度尼西亚、土耳其、加拿大、南非、马来西亚、荷兰、乌克兰、西班牙、伊朗等21个国家，每年发生火灾在2万～10万起之间。报告显示，全球火灾死亡人数最多国家是印度，每年火灾死亡人数在2万人以上；巴基斯坦和俄罗斯次之，每年的火灾死亡人数在1万～2万人之间；美国、中国、南非、乌克兰、日本等5个国家，每年的火灾死亡人数在1000～3500人之间。

在我国，党和政府历来高度重视消防工作。近年来，在党中央、国务院和地方各级党委政府的领导下，经过各地区、各有关部门和全社会的共同努力，我国消防工作取得了历史性进步，社会化消防工作网络基本形成，消防法制体系建设趋于完备，中国特色消防力量体系基本形成，城乡抗御火灾能力不断增强，全国火灾形势保持了总体平稳，消防安全环境得到明显改善。但是，我们也应该清醒地认识到，随着社会的不断发展，社会财富的日益增多，消防安全遇到的新情况、新问题日益增多，火灾风险累积叠加，火灾危险性也在增大，重特大火灾时有发生，消防安全形势不容乐观。火灾防控工作的风险和短板主要体现在：一是火灾高风险的城市与火灾防控基础薄弱的农村并存；二是繁重的灭火救援任务与消防救援力量不足的矛盾突出；三是城乡公共消防设施总体上滞后于经济社会发展。

城市火灾防控风险主要体现在：一是高层建筑越来越多。目前全国有高层建筑

64.3 万余幢，其中超过 100 米的超高层建筑 8404 幢。二是地下建筑蓬勃发展。内地 31 个城市开通了城市轨道交通，总客运量 249.9 亿乘次，日均 6848 万乘次。日均客运量过百万乘次的有北京、上海、广州、深圳、成都、南京、武汉、重庆、西安、杭州、天津这 11 个内地城市，其中北京日客流为最高，年平均超过 1200 万乘次。全国改建用于地下经营的人防工程面积达 2466 万平方米。三是大型商业综合体日趋增多。大型城市综合体，是以建筑群为基础，融合商业零售、商务办公、酒店餐饮、公寓住宅、综合娱乐五大核心功能于一体的"城中之城"，是功能聚合、土地集约的城市经济聚集体。这些城市大型商业综合体往往具有建筑特性复杂、建筑面积广、使用功能繁多、人员密集、电气设备及线路复杂、火灾荷载大、管理不到位等特点，一旦发生火灾，极易造成群死群伤及巨大财产损失。目前，全国一万平方米以上的大型综合体逾万个，特别是超过 10 万平方米的超大综合体已经突破 1000 个，预计至 2019 年底将达到 1500 个左右。四是"城中村"隐患突出。全国的"城中村"多达 10 余万个，大部分缺乏消防规划，没有消防车通道、消防水源，建筑防火间距严重不足。

农村的火灾防控风险主要体现在基础薄弱。这是因为我国农村经济社会发展水平还不平衡，一些地区还缺乏基本的消防安全保障条件，火灾数量始终居高不下，尤其是"小火亡人"现象比较严重。一方面，数量众多的农村乡镇私营企业隐患严重，违章操作现象突出，极易发生火灾。另一方面，农村消防水源、道路、消防站等公共消防设施"欠账"较多，甚至有些地区还是空白。另外，遍布城乡的石油化工安全问题突出。与世界发达国家相比，我国这类工业园区数量多、布局乱、安全设防标准低，导致潜在的事故风险激增，重特大火灾时有发生。

同时，公共消防安全基础不适应经济社会发展、消防安全保障能力不适应人民群众需求、消防管理方式方法不适应科技信息化发展、公众消防意识不适应现代社会管理要求等问题，在现阶段仍较为突出。

当前我国消防工作主要立足点和着力点体现在以下方面：始终以建立健全消防法律法规为消防安全责任制的总牵引，以社会化的火灾防控为中心，以高层建筑、地下建筑、大型城市综合体、石油化工企业、社会福利机构和群租房、城中村、棚户区、文物古建筑等高风险单位和重点区域为重点，强化火灾隐患治理。就消防宣传教育工作来说，要将消防安全教育纳入国民素质教育，通过媒体宣传、教育培训、实操体验等多种途径，强化广大公民安全意识、树立安全理念、普及安全技能。通过全社会的共同努力，逐步完善消防安全责任制体系建设，深化消防安全综合治理，着力构建共治共享的消防安全新格局，切实提升新形势下维护消防安全、服务经济社会发展的能力和水平。

第二节　高等学校消防安全管理

高等学校消防安全管理，是防范火灾、营造良好的消防安全环境的必要手段，是维护学校正常教学和科研工作秩序的根本保障，也是确保全体师生人身、财产安全的重要举措。作为校园消防安全的责任主体，广大师生应该牢固树立消防安全意识，严格遵守各项消防安全制度，不断提升自防自救能力，切实消除火灾隐患，共同保障学校消防安全。

一、高等学校消防安全形势

随着高等教育事业的快速发展，我国高校规模不断扩大，学生数量逐年递增。2017年底，全国共有高等学校2913所、各类高等教育在校生达3779万人。做好消防安全工作，给在校师生提供安全、稳定的学习、科研、生活环境，是高校管理的重要任务之一。近年来，尤其是《高校消防安全管理规定》《普通高等学校消防安全工作指南》等规章、文件实施以来，全国高校加强消防安全责任制建设，严格落实消防安全管理制度，大力开展消防安全宣传教育，没有发生群死群伤等有影响的重大火灾事故，消防安全总体形势平稳。

高校校园包含教学、科研和生活等区域，建筑功能复杂，珍贵文献、贵重仪器设备多，人员高度聚集，安全管理难度大。尤其是部分高校消防基础设施建设未能和校园建设同步发展，消防设施不完善或者不能满足安全需求、消防安全责任落实不到位、巡查巡检等安全制度不完善、宣传教育开展不全面等现象仍然存在，火灾隐患未能及时消除，致使火灾时有发生，有的甚至造成严重的人员伤亡和财产损失。

（一）学校火灾形势

统计表明，2008年至2018年，全国共接报学校火灾10153起，亡9人，伤11人，直接财产损失4283万元，未发生较大级别以上火灾。

其中，因电气引发的占42.5%；用火不慎引发的占17.4%；吸烟引发的占4.2%；玩火引发的占3.2%；生产作业引发的占3.0%；放火引发的占1.4%；自燃引发的占2%；雷击静电引发的占0.2%；原因不明的占4.9%；其他原因的占21.2%。如下页图1-3所示。

从起火原因来看，电气火灾占比达到四成以上，用火不慎、吸烟等人为因素占比超过25%，应该引起包括高校在内的所有学校高度重视。

（二）高校火灾主要原因

通过对近几年的高校火灾案例分析，高校火灾的原因主要有以下几种。

1. 学生在宿舍内的不安全用火用电行为，主要有：

近十年学校火灾起火原因统计

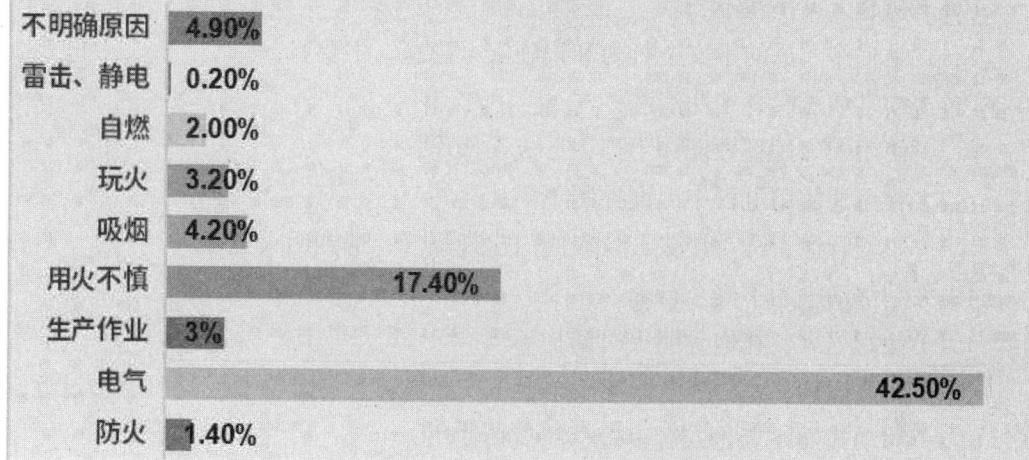

不明确原因	4.90%
雷击、静电	0.20%
自燃	2.00%
玩火	3.20%
吸烟	4.20%
用火不慎	17.40%
生产作业	3%
电气	42.50%
防火	1.40%

图 1-3 近十年学校火灾起火原因统计

（1）在房间内吸烟，而且乱扔烟头；

（2）随意使用明火，点蜡烛、蚊香而不看护，使用酒精炉，焚烧纸张等；

（3）违规使用大功率电器，违规使用"热得快"、电饭煲、电炒锅等；

（4）在室内私拉乱接电线，使用的插座存在质量隐患，如图 1-4 所示；

（5）电器使用不当，手机充电器等电器设备长时间无监管使用。

图 1-4 某学校宿舍内私拉乱接电线现象

2. 师生在实验室内的不安全行为，主要有：

（1）超功率使用设备，使用电负荷大量增加；

（2）违规使用大功率电器，插座连接多个接线板；

（3）无人看守下使用加热实验设备；

（4）实验设备、设施操作不当；

（5）危险化学品保管、存储和使用不当；

（6）初起火灾扑救不当。

3. 食堂工作人员的不安全行为和设施安全隐患，主要有：

（1）食堂烟道没有定期清洗；

（2）使用燃气过程中操作不当，形成误操作；

（3）食用油使用过程中温度控制不当；

（4）燃气管道、法兰接头、仪表阀门出现漏气，遇到明火等。

4. 大型活动中的不安全行为，主要有：

（1）使用焰火、礼炮等明火时防护不当。

（2）高温灯具、大功率电器等用电设备安装在可燃易燃物上或与可燃物过近；

（3）移动式插座老化或者串接、超负荷使用。

除上述直接原因外，部分高校对消防安全工作缺乏足够的重视，在消防管理工作中存在疏漏，部分学生和教职员工消防法制观念不强，违规行为时有发生，不了解消防安全知识和逃生自救技能等，成为高校火灾发生的主要因素。

防范校园火灾是每一位师生的共同责任，广大师生应该深刻吸取火灾事故教训，在日常工作、学习生活中，时刻敲响消防安全的警钟，认真整改、消除火灾隐患，确保校园的长治久安。

（三）高校火灾特点

分析近年来全国高校火灾情况，发现高校火灾有以下特点：

1. 起火场所、原因复杂

人的不安全行为和物的不安全状态都是火灾发生的诱因。高校就像一个小型社会，教职员工和学生人数众多，高度集中。内设单位种类多，各类场所多，既有以教学、科研和文体活动为主要功能的场所，又有以综合保障为主要功能的场所，有的还有校办企业、科创园、仓库、地下人防工程乃至变电站、加油站等，可燃物多，用火用电量大，起火原因复杂。其中，学生宿舍、各类实验室和学生食堂是近年来火灾事故的高发场所。

2. 人员疏散困难

高校集中居住场所多，大型活动多，人员密度大；学生宿舍、实验室、图书馆等建筑内可燃易燃物多；有的高校单纯从防盗和便于管理等角度考虑，关闭图书馆、礼堂的消防安全出口，学生宿舍加设防盗门、防盗窗、防护栏，堵塞了逃生通道等，给大量人员应急疏散逃生带来了一定的困难。

3. 火灾损失严重

高校既是培养国家重要人才的主要基地，也是科学研究的重要机构。一些高校存有研究价值和历史价值较高的珍贵文物、标本、图书、档案资料等，有些实验室特别是国家重点实验室所用的仪器、设备价格昂贵，试验数据、科研成果更加珍贵。这些仪器设备和珍藏一旦被烧毁，会造成非常严重的后果，损失难以估量，无法弥补。

4. 社会影响巨大

高校的莘莘学子，是社会的有用人才，是国家的未来，也是无数家庭的希望。一旦发生火灾，特别是有人员伤亡的火灾事故，会引起社会的极大关注，不但危及师生的生命安全，影响正常的教学和工作秩序，影响高校的稳定和教育事业的发展，甚至会影响社会的和谐稳定。

二、高等学校火灾风险分析

（一）火灾荷载大，部分建筑消防设施不能满足消防安全需求

高校内既有高层建筑、多层民用建筑，也有厂房、仓库，有的还有地下建筑及数十年甚至上百年历史的老式建筑，有些老式建筑年代久远，电气线路陈旧老化；学生宿舍、教职员工宿舍、住宅楼等场所可燃、易燃物大量聚集；教学楼、实验室还有各种仪器设备、危险物品等，导致高校建筑火灾荷载较大。有的建筑因教学、科研、办公需要改变用途，原有消防设施不能满足消防安全需求。一些高校受经费等条件限制，建筑内电气线路的安装、室内消防设施的配备不符合消防规范要求。有些消防设施和器材虽然配备设置到位，却不能得到有效的保养、维护和更新，致使消防系统无法随时保持完好有效，一旦发生火灾不能发挥应有的作用，造成严重后果。2010 年 11 月 13 日，国内某大学一标志性建筑发生火灾，大火燃烧将近 3 小时，该建筑是国家级重点文物，火灾导致该建筑近三分之一被烧毁。

（二）重点部位人员高度密集，容易引发群死群伤事故

高校教室、图书馆、礼堂和学生宿舍等场所人员高度密集，且流动量大，由于疏于管理或平时巡查、演练不到位，一旦发生火灾等事故，极易引发混乱，造成群死群伤的严重后果。有的场所疏散通道、安全出口不能确保完全畅通；有的建筑结构上下层空间相通，火灾蔓延速度快，紧急情况时疏散大量人员有困难，容易发生严重的人员伤亡及踩踏事件。2003 年 11 月 24 日，俄罗斯人民友谊大学学生宿舍楼发生火灾，造成 41 名学生死亡、近 200 人受伤，其中中国留学生 11 人死亡、46 人受伤。

（三）实验室易燃易爆物品集中，致灾因素多

实验室是高校科研攻关的重要场所。因为科研需要，实验室内经常使用、活泼金属、有毒及放射性物质等易燃易爆危险品。特别是一些国家级的重点实验室，

配备的材料及高精尖设备多，致灾因素多，加之一些化学、化工类实验本身就具有火灾或爆炸危险性，如果危险化学品保管、存储和使用不当，实验设备和电气设施操作不慎，很容易发生火灾、爆炸、危险品泄漏等事故，严重威胁人员生命安全。2018 年 12 月 26 日，北京交通大学市政环境工程系一实验室因操作不当引发爆炸，造成 3 名学生身亡。

（四）学生宿舍违规用火用电现象屡禁不止

高校学生宿舍违规用火用电频繁，是学校火灾隐患最为突出的场所。很多学生宿舍存在诸多问题，如卧床吸烟，随意使用明火；违规使用电炉、微波炉等大功率电器；私拉乱接电线，有的甚至私接宿舍公共区域的电源；电器使用不当，如把台灯放在床头或蚊帐内使用，手机充电器放在床上长时间充电；蚊香、杀虫剂、空气清新剂等危险日用品保管和使用不当；电动自行车充电时间过长等，这些违规用火用电现象已经成为校园火灾的"元凶"。2018 年 5 月 5 日，国内某大学一女生宿舍发生火灾，消防员紧急疏散学生 300 余人，火灾起火原因为电器短路。事后校方对该宿舍楼进行检查，发现 300 余件违规使用的电器，其中"热得快"就有 30 件。如图 1-5 所示。

图 1-5 某高校宿舍楼查处的违章电器

（五）内部结构复杂，发生火灾概率大

高校就像一个小型社会，涉及单位种类多、范围广。既有以教学、科研和文体活动为主要功能的场所，又有以综合保障为主要功能的场所，人员安全素质参差不齐，引发火灾的因素多，发生火灾的概率较大，给消防安全管理带来一定难度，容易造成失控漏管，为火灾事故埋下隐患。

三、消防安全管理职责

消防安全无小事。长期以来，有些高校对消防安全管理缺乏足够重视和必要的科学手段，部分管理人员对消防安全工作存在侥幸心理和麻痹思想，没有将消防安全工作放在和其他工作同等重要的位置，消防安全管理工作存在漏洞。做好高校消防安全管理工作，是落实消防安全责任、消除校园火灾风险的需要，是对学生负责、对学生家庭负责、对社会负责的责任和使命。高校应贯彻"预防为主、防消结合"的工作方针，严格落实消防安全责任制，进一步完善消防安全管理制度，针对火灾高发场所及部位，采取有效的防范措施，以建立健全学校消防工作档案及消防应急预案，完善消防器材设施为切入点，切实提高消防安全精细化管理水平，化解、消除火灾风险，保障校园消防安全。

（一）消防安全管理的法律依据

高校消防安全管理工作，必须认真贯彻执行《中华人民共和国消防法》《机关、团体、企业、事业单位消防安全管理规定》《消防安全责任制实施办法》《高等学校消防安全管理规定》《普通高等学校消防安全工作指南》等法律法规及规范性文件，建立和落实学校各级消防安全责任制和岗位消防安全责任制，加强监督考评和责任追究，切实维护高校的安全和稳定。

（二）消防安全管理的组织架构

依据有关法律法规要求，高校应当建立消防组织架构，理顺工作关系和责任体系，以便更好地开展各项工作。

1. 法定代表人是消防安全责任人，全面负责高校消防安全工作。

2. 分管消防安全的校领导是消防安全管理人，协助法定代表人负责消防安全工作。

3. 其他校领导在分管工作范围内对消防工作负有领导、监督、检查、教育和管理职责。

4. 设立或者明确负责日常消防安全工作的机构，配备专职消防管理人员。

5. 校内二级单位主要负责人是本单位消防安全责任人，校内各单位和驻校内其他单位主要负责人是该单位消防安全责任人，负责本单位的消防安全工作。

6. 学生宿舍管理部门负责学生宿舍的消防安全管理工作，组织火灾扑救和疏散学生等。

7. 志愿消防组织。在校内建立统一的消防志愿者组织，结合社会实践活动，开展形式多样的消防宣传教育，预防和整改火灾隐患。建立微型消防站，及时提供消防安全救助。

（三）消防安全管理的工作职责

1. 《中华人民共和国消防法》对消防工作的主体之一——单位的消防安全责任作了全面规定。高校作为社会单位之一必须严格遵守。

单位应当履行的消防安全职责是：落实消防安全责任制，制定本单位的消防安全制度、消防安全操作规程，制定灭火和应急疏散预案；按照国家标准、行业标准配置消防设施、器材，设置消防安全标志，并定期组织检验、维修，确保完好有效；对建筑消防设施每年至少进行一次全面检测，确保完好有效，检测记录应当完整准确，存档备查；保障疏散通道、安全出口、消防车通道畅通，保证防火防烟分区、防火间距符合消防技术标准；组织防火检查，及时消除火灾隐患；组织进行有针对性的消防演练；单位的主要负责人是本单位的消防安全责任人。

确定为消防安全重点单位的学校，除应当履行上述规定的职责外，还应履行的职责有：确定消防安全管理人，组织实施本单位的消防安全管理工作；建立消防档案，确定消防安全重点部位，设置防火标志，实行严格管理；实行每日防火巡查，并建立巡查记录；对职工进行岗前消防安全培训，定期组织消防安全培训和消防演练。根据需要建立志愿消防队等多种形式的消防组织，开展群众性自防自救工作。加强对本单位人员的消防宣传教育，并将消防知识纳入教育、教学、培训的内容。

2. 国务院办公厅印发的《消防安全责任制实施办法》明确，必须按照"党政同责、一岗双责、齐抓共管、失职追责"的总体原则，建立健全消防安全责任制，落实消防安全主体责任。机关、团体、企业、事业等单位是消防安全的责任主体，安全自查、隐患自除、责任自负。高校必须履行以下主要职责：

（1）明确校内各级、各岗位消防安全责任人及其职责，制定高校的消防安全制度、消防安全操作规程、灭火和应急疏散预案。定期组织开展灭火和应急疏散演练，进行消防工作检查考核，保证各项规章制度落实。

（2）保证防火检查巡查、消防设施器材维护保养、建筑消防设施检测、火灾隐患整改、专职或志愿消防队和微型消防站建设等消防工作所需资金的投入。生产经营单位安全费用应当保证适当比例用于消防工作。

（3）按照相关标准配备消防设施、器材，设置消防安全标志，定期检验维修，对建筑消防设施每年至少进行一次全面检测，确保完好有效。设有消防控制室的，实行24小时值班制度，每班不少于2人，并持证上岗。

（4）保障疏散通道、安全出口、消防车通道畅通，保证防火防烟分区、防火间距符合消防技术标准。人员密集场所的门窗不得设置影响逃生和灭火救援的障碍物。保证建筑构件、建筑材料和室内装修装饰材料等符合消防技术标准。

（5）定期开展防火检查、巡查，及时消除火灾隐患。

（6）根据需要建立专职或志愿消防队、微型消防站，加强队伍建设，定期组织训练演练，加强消防装备配备和灭火药剂储备，建立与消防救援队联勤联动机制，提高扑救初起火灾能力。

（7）开展消防安全宣传教育和培训工作，组织开展消防宣传教育，对教职员工进行消防安全培训，提高师生员工的消防安全意识和自救逃生技能；将消防安全知识纳入学校教学培训内容，对学生进行消防法律法规、防火灭火知识、自救互救知识和火灾案例教育培训，并鼓励学生参加消防安全志愿服务活动。

3. 《高等学校消防安全管理规定》对高校消防安全管理工作作了更为具体的规定。

（1）应当将下列单位（部位）列为学校消防安全重点单位（部位）：

学生宿舍、食堂（餐厅）、教学楼、校医院、体育场（馆）、会堂（会议中心）、超市（市场）、宾馆（招待所）、托儿所、幼儿园以及其他文体活动、公共娱乐等人员密集场所；网络、广播电台、电视台等传媒部门和驻校内邮政、通信、金融等单位；车库、油库、加油站等部位；图书馆、展览馆、档案馆、博物馆、文物古建筑；供水、供电、供气、供热等系统；易燃易爆等危险化学物品的生产、充装、储存、供应、使用部门；实验室、计算机房、电化教学中心和承担国家重点科研项目或配备有先进精密仪器设备的部位，监控中心、消防控制中心；保密要害部门及部位；高层建筑及地下室、半地下室；建设工程的施工现场以及有人员居住的临时性建筑；其他发生火灾可能性较大以及一旦发生火灾可能造成重大人身伤亡或者财产损失的单位（部位）。重点单位和重点部位的主管部门，应当按照有关法律法规和本规定履行消防安全管理职责，设置防火标志，实行严格消防安全管理。

（2）在校内举办文艺、体育、集会、招生和就业咨询等大型活动和展览，主办单位应当确定专人负责消防安全工作，明确并落实消防安全职责和措施，保证消防设施和消防器材配置齐全、完好有效，保证疏散通道、安全出口、疏散指示标志、应急照明和消防车通道符合消防技术标准和管理规定，制定灭火和应急疏散预案并组织演练，并经学校消防机构对活动现场检查合格后方可举办。依法应当报请当地人民政府有关部门审批的，经有关部门审核同意后方可举办。

（3）应当按照国家有关规定，配置消防设施和器材，设置消防安全疏散指示标志和应急照明设施，每年组织检测维修，确保消防设施和器材完好有效。保障疏散通道、安全出口、消防车通道畅通。

（4）进行新建、改建、扩建、装修、装饰等活动，必须严格执行消防法规和国家工程建设消防技术标准，并依法办理建设工程消防设计审核、消防验收手续。学校各项工程及驻校内各单位在校内的各项工程消防设施的招标和验收，应当有学校消防机构参加。施工单位负责施工现场的消防安全，并接受学校消防机构的监督、检查。竣工后，建筑工程的有关图纸、资料、文件等应当报学校档案机构和消防机构备案。

（5）地下室、半地下室和用于生产、经营、储存易燃易爆、有毒有害等危险物品场所的建筑不得用作学生宿舍。学生宿舍、教室和礼堂等人员密集场所，禁止违规使用大功率电器，在门窗、阳台等部位不得设置影响逃生和灭火救援的障碍物。

（6）利用地下空间开设公共活动场所，应当符合国家有关规定，并报学校消防机构备案。

（7）消防控制室应当配备专职值班人员，持证上岗。消防控制室不得挪作他用。

（8）购买、储存、使用和销毁易燃易爆等危险品，应当按照国家有关规定严格管理、规范操作，并制定应急处置预案和防范措施。对管理和操作易燃易爆等危险品的人员，上岗前必须进行培训，持证上岗。

（9）对动用明火实行严格的消防安全管理。禁止在具有火灾、爆炸危险的场所吸烟、使用明火；因特殊原因确需进行电、气焊等明火作业的，动火单位和人员应当向学校消防机构申办审批手续，落实现场监管人，采取相应的消防安全措施。作业人员应当遵守消防安全规定。

（10）校内出租房屋的，当事人应当签订房屋租赁合同，明确消防安全责任。出租方负责对出租房屋的消防安全管理。学校授权的管理单位应当加强监督检查。外来务工人员的消防安全管理由校内用人单位负责。

（11）发生火灾时，应及时报警并立即启动应急预案，迅速扑救初起火灾，及时疏散人员。在火灾事故发生后两个小时内向所在地教育行政主管部门报告。较大级别以上火灾同时报教育部。火灾扑灭后，事故单位应当保护现场并接受事故调查，协助公安机关、消防部门调查火灾原因、统计火灾损失，未经公安机关、消防部门同意，任何人不得擅自清理火灾现场。

（12）学校及其重点单位应当建立健全消防档案。消防档案应当全面反映消防安全和消防安全管理情况，并根据情况变化及时更新。

对不履行或不按规定履行消防安全职责的单位和个人，依法依规追究责任。因消防安全责任不落实发生一般及以上火灾事故的，依法依规追究高校直接责任人、法定代表人、主要负责人或实际控制人的责任，对履行职责不力、失职渎职的高校及有关部门负责人和工作人员实行问责；涉嫌犯罪的，移送司法机关处理。

第三节 高等学校消防安全教育

高校既是消防安全的重点单位，也是消防安全教育的重要阵地。高校消防安全教育，是指高校依照国家有关法律法规，组织教师对大学生进行消防法律法规、消防知识技能的教学活动，是维护大学生安全的一项基础教育，也是学生素质教育的重要组成部分，应贯穿于人才培养的全过程，认真加以落实。

一、法定职责与地位作用

（一）高校消防安全教育的法定职责

《中华人民共和国消防法》第六条规定"机关、团体、企业、事业等单位，应当加强对本单位人员的消防宣传教育""教育、人力资源行政主管部门和学校、有关职业培训机构应当将消防知识纳入教育、教学、培训的内容"。针对高校的消防安全教育职责，《高等学校消防安全管理规定》作出了层级划分的明确规定。

1. 学校层面

学校应当开展消防安全教育和培训，加强消防演练，提高师生员工消防安全意识和自救逃生技能。必须设立或者明确负责日常消防安全工作的机构，配备专职消防管理人员，履行相应的消防安全教育职责。学校应当将师生员工的消防安全教育和培训纳入学校安全年度工作计划。学校每季度至少进行一次消防安全检查，消防安全宣传教育及培训情况是检查的主要内容之一。

分管学校消防安全的校领导是学校消防安全管理人，协助学校法定代表人负责消防安全工作，须履行组织开展师生员工消防知识、技能的宣传教育和培训，组织灭火和应急疏散预案的实施和演练等消防安全教育职责。

其他校领导在分管工作范围内对消防安全宣传教育培训工作负有领导、监督、检查、教育和管理职责。

2. 业务部门层面

学校设立的消防安全机构，须配备专职消防管理人员，履行下列消防安全教育职责：开展学生自救、逃生等防火安全常识的模拟演练，每学年至少组织一次学生消防演练；根据消防安全教育的需要，将消防安全知识纳入教学和培训内容；对每届新生进行不低于4学时的消防安全教育和培训；对进入实验室的学生进行必要的安全技能和操作规程培训；每学年至少举办一次消防安全专题讲座，并在校园网络、广播、校内报刊开设消防安全教育栏目。

学校其他各部门应当结合各自工作特点，积极协助学校消防安全机构加强消防宣传教育。

3. 学校二级单位层面

学校二级单位和其他驻校单位应当履行开展经常性的消防安全教育、培训及演练的消防安全教育职责。学校二级单位应当组织新上岗和进入新岗位的员工进行上岗前的消防安全培训。消防安全重点单位（部位）对员工每年至少进行一次消防安全培训。

培训的主要内容包括：国家消防工作方针政策，消防法律法规；本单位、本岗位的火灾危险性，火灾预防知识和措施；有关消防设施的性能、灭火器材的使用方法；报火警、扑救初起火灾和自救互救技能；组织、引导在场人员疏散的方法。

4. 宿舍管理部门

学生宿舍管理部门应当履行加强学生宿舍用火、用电安全教育等消防安全教育职责。

（二）高校消防安全教育的地位作用

1. 高校安全的重要保障。高校是大学师生集中的地方，是学生学习、生活的主要场所，校园和学生的消防安全涉及千家万户，关系社会稳定，各方对此高度关注。大学生是高校的主体，如果他们的消防安全素质高，就会成为维护校园消防安全的重要力量，校园内的火灾隐患和消防安全违法行为就会大为减少，危害校园安全的火灾事故也会大幅降低。因此，高校消防安全教育是促进高校安全发展的重要保障。

2. 学生成长的现实需要。由于目前消防安全教育的体系尚不完善，又缺乏必要的社会经验，大学生的消防安全防范意识相对较差，自我保护能力也相对较弱。大学生的群体特征和个体特性决定了他们必然会面临诸多包括消防安全在内的安全问题困扰。因此，高校消防安全教育是大学生素质教育不可或缺的一项重要内容，是保障大学生安全成长的现实需要。

3. 社会发展的必然要求。高校是培养新时代中国特色社会主义建设者和接班人的摇篮。提升大学生的消防安全素质对提高国民安全素质具有重要的战略意义。通过高校消防安全教育，可以实现教育一个学生，带动一个家庭，辐射整个社会的效果，是决胜全面建成小康社会、实现中华民族伟大复兴的中国梦的必然要求。

二、基本任务与主要内容

（一）高校消防安全教育的基本任务

高校消防安全教育除了要按照消防安全重点单位的要求，组织员工进行岗前消防安全培训，定期组织师生员工进行消防安全培训和疏散演练，更重要的是开展针对大学生的消防安全课程教学活动。近年来，各级教育部门对高校消防安全教育工作高度重视，努力督促学校落实消防安全教育主体责任，不断丰富教学形式和手段，尤其是通过消防安全教育"进军训、进教材、进课堂"等一系列活动，有效提升了大学生的消防安全素质，受到广大师生欢迎。

高校消防安全教育的基本任务主要有三个方面：一是使大学生牢固树立消防安全意识。通过消防安全教育，促进他们树立起强烈的生命至上、安全第一的意识，培养积极向上的消防安全社会责任感；二是使大学生全面了解消防安全知识。通过消防安全教育，使大学生了解保障消防安全的基本知识以及相关的法律法规和校纪校规，识别和消除影响消防安全的各类风险隐患并加以积极预防；三是使大学生熟练掌握消防安全技能。通过消防安全教育，帮助大学生掌握火灾防范和自救互救技能，养成良好的消防安全习惯，最大限度地减少火灾造成的伤害。

（二）高校消防安全教育的主要内容

高校消防安全教育主要包括责任、知识、技能和实践三个层次的教育教学体系，通过理论教学、实操体验、社会实践达到目的。

1. 责任教育。高校消防安全教育的第一层次是大学生遵守消防法律法规与校规校纪的责任教育。让大学生明确承担的与消防安全有关的义务与责任。大学生是高校消防安全工作重要的参与者，没有大学生的积极参与，高校消防安全工作就不会发展进步。大学生也是消防工作的受益者，良好的消防安全环境，将使大学生更加平安地学习和生活。因此，积极维护公共消防安全，既是每个公民应尽的义务，也是当代大学生应有的责任担当。

2. 知识教育。高校消防安全教育的第二层次是大学生的消防安全知识教育，主要包括以下内容：

（1）了解燃烧的条件。

（2）了解火灾的危害。

（3）了解火灾发生的原因。

（4）掌握火灾报警的方法、内容和要求。

（5）掌握逃生自救的基本方法、要求和注意事项。

（6）了解常见的消防安全标志。

（7）了解常见的建筑消防设施、器材。

（8）了解日常生活防火的基本方法。

（9）了解安全用火、用电、用气的常识。

（10）掌握一般火灾隐患的查找和整改方法。

（11）了解灭火的基本方法。

（12）掌握灭火器等常见消防器材的使用方法。

（13）了解室内消火栓等建筑灭火设施的使用方法。

（14）通过典型案例分析高校火灾发生的原因及应该吸取的教训。

3. 技能实践教育。高校消防安全教育的第三层次是大学生的消防安全技能教育。消防安全技能与消防安全知识在内容上有交叉重叠的部分，但不等同于消防安全知识。知识是基础，技能是更高层次的要求。消防安全技能具体包括：

（1）常用消防设施、器材的操作。

（2）火场疏散逃生的基本方法。

（3）火场自救互救的基本方法。

这些避险、自救、应变能力需要通过学习才能获得，更需要通过演练、实践才能巩固。

三、工作原则与实施方法

（一）高校消防安全教育的工作原则

消防安全教育原则是从教学实践中总结出来的，是教学过程客观规律的反映。高校消防安全教育要遵循大学生身心发展规律，把握大学生认知特点，坚持以下原则要求：

1. 课堂与实践相结合。体验式学习效率远远高于阅读和听闻式学习，在消防安全能力的养成上尤其如此。消防安全教育要采取理论与实践相结合，教授与训练相结合的方式进行。通过开展模拟演练、实训实操等实践活动，让大学生身临其境，培养和提高大学生运用掌握的消防安全知识技能解决现实消防安全问题的能力。要采取校内教师与外聘专家相结合、专题讲座和座谈讨论相结合等方法，丰富教学内容，提高教学质量。

2. 教育与管理相结合。教育与管理是相辅相成的。加强高校消防安全教育，要坚持引导大学生重视现实消防安全问题，通过加强高校消防安全管理，规范大学生的日常消防安全行为，采取各种有效措施，消除大学生中可能出现的消防安全不良行为，保障大学生的生命财产安全，形成消防安全教育与消防安全管理的"双赢"局面。

3. 传统与创新相结合。高校消防安全教育要在继承和发扬优良传统的基础上，注重引进新时代发生在高校和大学生中的典型案例，更新丰富教育内容，增强教育的针对性和前瞻性。移动互联网技术的发展开辟了消防安全教育的新空间，要抓住时代特征，学会用好新媒体，由传统的教育手段向现代教育手段转变，从而达到更好的教育效果。

4. 全面与重点相结合。加强高校消防安全教育，既要全面推进，又要抓住重点。

一是抓住重点人群，对经常违反消防安全管理规定的学生要进行不厌其烦的重点教育。二是抓住重点场所，对防火、防爆有特殊要求的实验室，要强化遵章守规的教育，严防意外事故发生。三是抓住重点时段，例如，新生入校之际，要切实加强对他们的消防安全教育，增强新生的自我防范意识；再如，节日期间要特别强调消防安全，发布安全提示，防止各类事故发生；此外，利用"5·12"防灾减灾日、"119"消防日等主题宣传活动，组织开展集中宣传教育和扑救初起火灾、应急疏散逃生演练，也可以起到良好的宣传教育效果。

（二）高校消防安全教育的实施方法

1. 开展课堂教育。将高校消防安全教育纳入本校教育教学体系，选用合适的消防安全教材，制定具体的教学计划，合理安排相应的教学时间。积极开发利用与大学生消防安全教育相关、为消防安全教学服务的多种教学资源。逐步将消防安全教育课列入大学生基础必修课，并落实相应学分。

2. 开展实训教育。采取理论传授与实践训练相结合、制度规范和行为养成相结合的教育模式，充分利用各种教育资源，多层次开展知行合一的实训教育，建立法规理论、实务、演练一体化的消防安全教育体系。高校每学年至少组织学生开展一次扑救初起火灾、应急疏散逃生演练。

3. 建设师资队伍。将高校消防安全教育教师队伍建设纳入高校师资队伍建设规划，根据学生规模、课程体系合理设定专职教师、兼职教师和社会专家相结合的消防安全教育师资队伍。建立校外消防辅导员制度，邀请消防专家、消防指战员定期对高校消防安全教育工作进行指导。加强高校消防安全教育师资队伍培训，不断提高高校消防安全教育教学能力和水平。

4. 加强考核评价。建立高校消防安全教育考核评价机制，积极组织大学生参加消防安全教育标准化通识考试。探索将考试结果作为大学生在校期间评先评优的基础条件，作为学生综合能力的基本要求。注重利用科技手段对高校消防安全教育进行数据分析，根据分析结果改进教学。

（三）基于"互联网＋"模式的高校消防安全教育手段

1. 完善微课平台与教务系统的数据联系，实现数据共享。逐步推进高校将消防安全教育中微课学习的成绩与教务系统相联系，作为学生考核内容，引起师生重视。

2. 扩大网络的覆盖面，增加消防安全教学内容。加快网络的信号与速度建设，保障网课的流畅度与体验度，激发学生对消防微课学习的热情与兴趣。

3. 加强与消防部门的教学合作。高校要积极与当地消防救援部门联系，使其参与消防安全教育培训的教学与消防演练活动的组织辅导工作，增强师生的感性认识。

第四节　大学生消防安全义务

我国的法律规定，公民年满18周岁就是完全民事行为能力人，除极少数少年大学生外，绝大多数大学生都年满18岁，具有完全民事行为能力，既应该履行公民的消防安全法定义务，也必须对其违反消防法律法规的行为承担法律责任。

一、消防安全法定义务

《中华人民共和国消防法》关于公民消防安全法定义务的规定主要有：

（一）任何单位和个人都有维护消防安全、保护消防设施、预防火灾、报告火警的义务。任何单位和成年人都有参加有组织的灭火工作的义务。

这是关于公民消防安全义务的总体规定。包含两层内容：一是将维护消防安全、保护消防设施、预防火灾、报告火警明确规定为每个单位、每个人的义务，有利于动员和保证全社会的每个成员都积极投入到消防安全工作中去，切实发挥群众在消防安全工作中的作用，也为发动群众保护消防设施，组织群众防火、灭火等提供了法律依据。二是凡是有组织的灭火活动，被组织的任何单位和成年人都应当参加。应当注意的是，参加有组织的灭火工作这一义务仅限于成年人。这里的"成年人"，是指年满18周岁的人。对于成年人来说，积极参加灭火，解除火灾威胁，减少火灾危害是社会道德和法律的要求。而未成年人因为其身体、心智都还没有发育成熟，如果他们参加灭火，很有可能因为对危险情况不能进行正确的判断和处理而造成不必要的人身伤害。所以，任何单位和个人都不得组织未成年人参加灭火。

（二）任何单位、个人不得损坏、挪用或者擅自拆除、停用消防设施、器材，不得埋压、圈占、遮挡消火栓或者占用防火间距，不得占用、堵塞、封闭疏散通道、安全出口、消防车通道。

这是关于单位和个人管理、使用消防设施、器材的禁止性规定。实践中，损坏、挪用消防设施、器材，占用、堵塞、封闭疏散通道、安全出口、消防车通道的行为相当普遍，一旦发生火灾，消防设施、器材失去应有的效能，消防车不能靠前灭火，火势迅速蔓延，小火酿成大灾。据不完全统计，全国发生的一次死亡10人以上的火灾中，就有三分之二以上存在疏散通道、安全出口被封堵或锁闭的问题。通过明确规定禁止行为，进一步强调了对消防设施、器材的保护。这条规定主要包含三层内容：一是任何单位、个人不得损坏、挪用或者擅自拆除、停用消防设施、器材。对于因生产生活原因而需要拆除或临时停用消防设施、器材的，有关单位必须事先通知当地消防救援机构，并及时另建消防设施、器材，对临时停用的要及时启动消防设施、器材。二是任何单位、个人不得埋压、圈占、遮挡消火栓或者占用防火间距。

三是任何单位、个人不得占用、堵塞、封闭疏散通道、安全出口、消防车通道。

（三）任何人发现火灾都应当立即报警；任何单位、个人都应当无偿为报警提供便利，不得阻拦报警；严禁谎报火警。

这是关于报告火警义务的具体规定。主要包含两层内容：一是及时报警。在火灾发生时，及时报警是及时扑灭火灾的前提。发现火灾，及时报警，对于减轻火灾危害有非常重要的作用。此外，为报警人提供报告所需要的通信、交通或者其他便利时，不得收取费用或者报酬。对报警人的报警行为，不得以任何借口和理由加以阻止。根据电信部门的规定，拨打火警电话不得收取任何费用。这是我国长期以来的一贯做法，也是国际惯例。二是严禁谎报火警。谎报火警是指故意编造火灾情况或者明知是虚假的火灾信息却向消防救援机构报告的一种制造混乱的行为。谎报火警不仅破坏了消防救援队伍正常的执勤秩序，而且严重扰乱了社会治安秩序，造成人们的恐慌，危害公共安全，属于严厉禁止的行为，需承担相应的法律责任。

二、消防安全违法责任

（一）《中华人民共和国消防法》中部分消防违法行为的法律责任

1. 对违反消防安全职责、义务的违法行为的处罚

《中华人民共和国消防法》第六十条规定：单位违反本法规定，有下列行为之一的，责令改正，处五千元以上五万元以下罚款：

（1）消防设施、器材或者消防安全标志的配置、设置不符合国家标准、行业标准，或者未保持完好有效的；

（2）损坏、挪用或者擅自拆除、停用消防设施、器材的；

（3）占用、堵塞、封闭疏散通道、安全出口或者有其他妨碍安全疏散行为的；

（4）埋压、圈占、遮挡消火栓或者占用防火间距的；

（5）占用、堵塞、封闭消防车通道，妨碍消防车通行的；

（6）人员密集场所在门窗上设置影响逃生和灭火救援的障碍物的；

（7）对火灾隐患经消防救援机构通知后不及时采取措施消除的。

个人有前款第二项、第三项、第四项、第五项行为之一的，处警告或者五百元以下罚款。

有本条第一款第三项、第四项、第五项、第六项行为，经责令改正拒不改正的，强制执行，所需费用由违法行为人承担。

2. 对违反特定危险场所消防安全管理规定的违法行为的处罚

《中华人民共和国消防法》第六十三条规定，违反本法规定，有下列行为之一的，处警告或者五百元以下罚款；情节严重的，处五日以下拘留：

（1）违反消防安全规定进入生产、储存易燃易爆危险品场所的；

（2）违反规定使用明火作业或者在具有火灾、爆炸危险的场所吸烟、使用明火的。

3. 关于对指使或强令他人违反消防安全规定，冒险作业，过失引起火灾，妨碍火灾扑救等违法行为的处罚

《中华人民共和国消防法》第六十四条规定，违反本法规定，有下列行为之一，尚不构成犯罪的，处十日以上十五日以下拘留，可以并处五百元以下罚款；情节较轻的，处警告或者五百元以下罚款：

（1）指使或者强令他人违反消防安全规定，冒险作业的；

（2）过失引起火灾的；

（3）在火灾发生后阻拦报警，或者负有报告职责的人员不及时报警的；

（4）扰乱火灾现场秩序，或者拒不执行火灾现场指挥员指挥，影响灭火救援的；

（5）故意破坏或者伪造火灾现场的；

（6）擅自拆封或者使用被消防救援机构查封的场所、部位的。

4. 对发生火灾的人员密集场所的现场工作人员不履行职责的违法行为的处罚

《中华人民共和国消防法》第六十八条规定，人员密集场所发生火灾，该场所的现场工作人员不履行组织、引导在场人员疏散的义务，情节严重，尚不构成犯罪的，处五日以上十日以下拘留。

（二）《中华人民共和国治安管理处罚法》中涵盖的涉及消防安全管理的违法行为的法律责任

《中华人民共和国消防法》第六十二条规定，对违反有关消防技术标准和管理规定生产、储存、运输、销售、使用、销毁易燃易爆危险品的，非法携带易燃易爆危险品进入公共场所或者乘坐公共交通工具的，谎报火警的，阻碍消防车、消防艇执行任务的，阻碍消防救援机构的工作人员依法执行职务的等消防安全违法行为，依照《中华人民共和国治安管理处罚法》的规定处罚。

对违反有关消防技术标准和管理规定生产、储存、运输、销售、使用、销毁易燃易爆危险品的，处十日以上十五日以下拘留；情节较轻的，处五日以上十日以下拘留。

对非法携带易燃易爆危险品进入公共场所或者乘坐公共交通工具的，处十日以上十五日以下拘留；情节较轻的，处五日以上十日以下拘留。

对谎报火警的，处五日以上十日以下拘留，可以并处五百元以下罚款；情节较轻的，处五日以下拘留或者五百元以下罚款。

对阻碍执行紧急任务的消防车通行的，处警告或者二百元以下罚款；情节严重的，处五日以上十日以下拘留，可以并处五百元以下罚款。

对阻碍消防救援机构的工作人员依法执行职务的，处警告或者二百元以下罚款；情节严重的，处五日以上十日以下拘留，可以并处五百元以下罚款。

（三）《中华人民共和国刑法》中有关消防安全违法行为的刑事法律责任

1. 失火罪。是指由于行为人的过失引起火灾，造成严重后果，危害公共安全的行为。《中华人民共和国刑法》第一百一十五条第二款规定，犯失火罪的，处三年以上七年以下有期徒刑；情节较轻的，处三年以下有期徒刑或者拘役。

2. 放火罪。指故意放火焚烧公私财物，危害公共安全的行为。《中华人民共和国刑法》第一百一十四条规定，放火、决水、爆炸以及投放毒害性、放射性、传染病病原体等物质或者以其他危险方法危害公共安全，尚未造成严重后果的，处三年以上十年以下有期徒刑；第一百一十五条规定，放火、决水、爆炸以及投放毒害性、放射性、传染病病原体等物质或者以其他危险方法致人重伤、死亡或者使公私财产遭受重大损失的，处十年以上有期徒刑、无期徒刑或者死刑。

3. 消防责任事故罪。是指违反消防管理法规，经消防救援机构通知采取改正措施而拒绝执行，造成严重后果，危害公共安全的行为。《中华人民共和国刑法》第一百三十九条第一款规定，犯消防责任事故罪，处三年以下有期徒刑或者拘役；后果特别严重的，处三年以上七年以下有期徒刑。

三、消防安全公益行动

公益行动是指一定的组织或个人向社会捐赠财物、时间、精力和知识等活动。消防公益行动是社会各界积极关注和参与消防工作的重要形式，是群众路线在消防工作中的重要体现。一个社会消防公益事业的发展程度，也反映了社会整体文明发达程度。大学生消防公益行动是观察和研究社会的有效途径，有利于把专业知识应用到社会服务之中，不仅拓展了大学生的视野，增长了才干，也为社会公益事业带来了新的活力。

开展消防公益行动的形式多种多样，主要包括社区消防服务、消防知识传播、消防法律咨询、消防志愿者紧急援助、消防慈善活动、消防社团活动、消防文化艺术活动等。2008年，中央文明办等13个单位共同倡导开展"中国消防志愿者行动"，制定下发了《中国消防志愿者行动实施意见》和《中国消防志愿者管理办法》。随着"奉献、友爱、互助、进步"的志愿者精神日益深入人心，在共青团和教育、消防部门的大力推动下，大学生消防志愿者日益成为消防志愿服务的重要力量，消防志愿者行动也成为大学生参与消防公益行动的主要途径。

大学生消防志愿者服务组织可以参照但不拘泥于中国消防志愿者组织形式，以学校为单位组建消防志愿者协会或若干服务队，服从校团委和安保部等部门管理，在志愿者经过培训，掌握了一定知识与技能的基础上，开展消防志愿服务活动。大学生消防志愿活动应坚持"就近就便"原则，开展以消防教育为主，预防和整改火灾隐患、消防安全救助为辅的系列公益行动。高校应将学生参与消防志愿活动纳入校外社会实践、志愿活动考核体系，每名学生在校期间参加消防志愿活动应不少于4小时。

（一）消防宣传教育

做好日常消防安全知识的宣传普及；协助和参与重要消防法规和消防方针政策的宣传贯彻活动；利用消防站、教育馆或重大消防活动为师生提供消防咨询服务；面向外来务工人员、儿童、孤寡老人等弱势群体，开展有针对性的定向宣传、教育和培训服务。

（二）预防和整改火灾隐患

维护校园消防安全，积极参加学校组织的防火安全检查和火灾隐患治理；协助学校保卫部门纠正消防违法违规行为，为预防和治理校园火灾隐患出谋划策。

（三）消防安全救助

熟练掌握校园消防设施情况，在发生火灾时，能及时报警并熟练使用简易器材灭火；熟悉逃生路线和方法，能协助组织安全疏散；掌握心肺复苏、创伤救护等初级急救技能，可对伤员进行基本的救护。

思考与讨论题：

1. 我国消防工作的方针与原则是什么？

2. 请结合身边的实际情况，对高校的火灾风险进行分析。

3. 为什么说高校消防安全教育是大学生成长的现实需要？

4. 公民有哪些消防安全义务？

5. 为什么说大学生参加消防志愿服务是一项重要的社会实践活动？

第二章　消防安全基础知识

　　学习燃烧的基础知识，了解火灾的定义与分类、火灾发生的原因及建筑室内火灾的发展过程是掌握消防工作原理的基础。本章主要介绍燃烧的充分和必要条件、火灾的定义与分类，常见火灾的原因、火灾蔓延的路径和火灾发展过程，了解相关术语、火灾的特征及危害等消防基础知识。

第一节　燃烧基础知识

　　火灾的本质是燃烧。为了有效地控制和扑灭火灾，需要全面地了解燃烧的基础知识和规律，以便在掌握燃烧相关理论的基础上，通过破坏燃烧的基本条件，达到预防、控制和扑灭火灾的目的。

一、燃烧的定义

　　可燃物与氧化剂作用发生的放热反应，通常伴有火焰、发光和（或）发烟的现象，称为燃烧。燃烧具备三个特征：

　　1. 燃烧是一种氧化 – 还原的化学反应，产生新的燃烧产物。

　　2. 燃烧是放热型的化学反应。

　　3. 燃烧是伴随发光或发烟的化学反应。燃烧发出的光是气相燃烧区的火焰，是由于放热的高温使燃烧物质或燃烧中间产物的分子内电子发生能级跃迁，从而发出各种波长的光；燃烧发出的烟则是由于燃烧不完全等原因产生的小颗粒固体物质。根据燃烧是否产生火焰，燃烧可分为有焰燃烧和无焰燃烧。

二、燃烧的条件

　　任何物质发生燃烧，都是由未燃烧状态转向燃烧状态的过程。燃烧的发生和持续必须具备以下三个必要条件：可燃物、助燃物（氧化剂）和引火源（温度）。当燃烧发生时，上述三个条件一定同时具备，如果有一个条件不具备，那么，燃烧就不会发生和持续。三个条件称为燃烧三要素，是燃烧三角形理论的基本内容，如图2-1所示。

（一）燃烧的必要条件

1. 可燃物

凡是能与空气中的氧气或其他氧化剂发生燃烧化学反应的物质称可燃物。自然界中的可燃物种类繁多，如木材、氢气、汽油、煤炭、纸张、硫等。可燃物按其化学组成不同，分为无机可燃物和有机可燃物两大类；按其所处的状态不同，又可分为可燃固体、可燃液体和可燃气体三大类。

图 2-1　燃烧三角形

2. 助燃物

凡是与可燃物结合能导致和支持燃烧的物质，均称为助燃物。常见的助燃物有氧气、氯气、溴气及其他强氧化剂，如硝酸盐、氯酸盐、高锰酸钾以及过氧化物等。通常燃烧过程中的助燃物主要是氧，包括游离的氧或化合物中的氧，例如，可燃物在空气中燃烧是以游离的氧作为氧化剂。也有少数可燃物自身含有氧元素，如低氮硝化纤维、硝酸纤维的赛璐珞等物质，一旦受热后，能自动释放出氧，不需外部补充助燃物就可发生燃烧。

3. 引火源

凡是能引起物质燃烧的点燃能源，统称为引火源。引火源是供给可燃物与助燃物发生燃烧反应的能量来源。常见的引火源有下列几种：

（1）明火。如生产、生活中的炉火、烛火、焊接火星、炽热烟蒂，撞击、摩擦打火，机动车辆排气管火星、飞火等。

（2）电弧、电火花。如电气设备、电气线路、电气开关及漏电打火，电话、手机等通信设备的火花，物体静电放电、人体衣物静电打火及人体积聚静电对物体放电打火等静电火花。

（3）雷击。雷击瞬间高压放电能引燃任何可燃物。

（4）高温。如高温加热、烘烤、积热不散、机械设备故障发热、摩擦发热及聚焦发热等。

（5）自燃引火源。在既无明火又无外来热源的情况下，物质本身自行发热也会燃烧起火，如白磷、烷基铝在空气中会自燃，钾、钠等金属遇水着火，易燃、可燃物质与氧、过氧化物接触起火等。

（二）燃烧的充分条件

具备了燃烧的必要条件，并不意味着燃烧必然发生。在各种必要条件中，还有一个"量"的要求，这就是发生燃烧或持续燃烧的充分条件。

1. 一定的可燃物浓度

可燃固体除外，可燃气体或蒸汽只有达到一定浓度时，才会发生燃烧或爆炸。如：甲烷只有在其浓度达到5%时才有可能发生燃烧。而车用汽油浓度在38%以下、灯用煤油浓度在40%以下、甲醇浓度在7%以下均不能达到燃烧所需的最低浓度的量，因此虽有充足的氧气和明火，仍不能发生燃烧。

2. 一定的氧气含量

在一定条件下，各种不同的可燃物发生燃烧，均有最低氧含量要求，氧含量过低，即使其他必要条件已经具备，燃烧也不会发生。如：汽油的最低含氧量要求为14.4%，煤油为15%，乙醚为12%。

3. 一定的点火能量

由于各种可燃物的化学组成和化学性质各不相同，在一定条件下，各种不同可燃物发生燃烧，均有最小点火能量要求，即只有达到一定能量才能引起燃烧。如：在化学计量浓度下，汽油的最小点火能量为0.2兆焦耳，乙醚为0.19兆焦耳，甲醇为0.215兆焦耳。

4. 未受抑制的链式反应

对于无焰燃烧，前三个条件同时存在，相互作用，燃烧即会发生。而对于有焰燃烧，除以上三个条件，燃烧过程中还需要存在未受抑制的自由基（也称游离基），使燃烧能够持续下去。自由基是一种高度活泼的化学基团，能与其他自由基和分子发生反应，构成燃烧的链式反应。因此，燃烧理论又提出有焰燃烧的发生和发展需要具备四个充分条件，即可燃物、助燃物、引火源和链式反应自由基。燃烧条件可以进一步用着火四面体来表示，如图2-2所示。

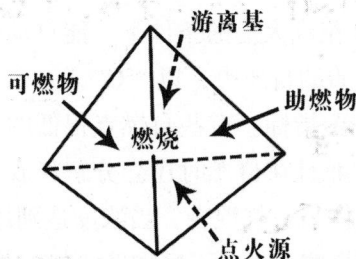

图2-2 燃烧四面体

以上论述的是燃烧所需要的必要和充分条件，所谓防火和灭火的基本措施就是去掉其中的一个或几个条件，使燃烧不致发生或不能持续进行。

三、燃烧类型

（一）闪燃与闪点

在一定温度条件下，可燃物质所产生的可燃蒸汽或气体与空气混合形成混合可燃气体，当遇明火时发生时一闪即灭的燃烧现象称为闪燃。

能引起可燃物质发生闪燃的最低温度称为该物质的闪点。液态可燃物质的闪点，以"℃"表示。闪点是衡量各种液态可燃物质火灾和爆炸危险性的重要依据。物质的闪点愈低，则愈容易与空气形成达到燃烧或爆炸条件的可燃混合气体，其火灾和爆炸的危险性愈大。生产和储存液态可燃物质的火灾危险性是根据其闪点进行分类的。消防技术规范中，把使用或产生闪点 < 28℃ 的液体的生产厂房或仓库划为甲类；闪点在 28℃ 至 60℃ 之间的液体的生产厂房或仓库划为乙类；闪点 > 60℃ 的液体的生产厂房或仓库划为丙类。生产和储存液态可燃物质的火灾危险性不同，所要求的防火措施也不同。

（二）着火与燃点

可燃物质在与空气共存的条件下，当达到某一温度时与火源接触、立即引起燃烧，并在火源离开后仍能继续燃烧，这种持续燃烧的现象称为着火。

可燃物质开始持续燃烧所需的最低温度叫做燃点或着火点，以"℃"表示。燃点是衡量可燃固体及闪点较高的可燃液体危险性的重要指标。如果将物质的温度控制在燃点以下，就可防止火灾的发生。

（三）自燃与自燃点

自燃是可燃物质不用明火点燃就能够自发着火燃烧的现象。可分为受热自燃和自热燃烧两类。可燃物质在外部热源作用下，温度升高，当达到一定温度时着火燃烧，称受热自燃。一些物质在没有外来热源影响下，由于物质内部发生化学、物理或生化过程而产生热量，这些热量积聚引起物质温度持续上升，达到一定温度时发生燃烧，称自热燃烧。

可燃物质在没有外部火花或火焰的条件下，能自动引起燃烧和继续燃烧时的最低温度称为自燃点。可燃物质的自燃点，以"℃"表示。自燃点可作为衡量可燃物质受热升温导致自燃危险的重要指标。有些自燃点很低的可燃物质，如赛璐珞、硝化棉等，不仅容易形成自燃，而且在自燃时还会分解释放大量一氧化碳、氮氧化物、氢氰酸等可燃气体，这些气体与空气混合，当浓度达到爆炸极限时，则会发生爆炸。因此，对于自燃点很低的可燃物质，除了采取防火措施外，还应分别采取防爆措施。

（四）爆炸与爆炸极限

可燃物质（可燃气体、蒸汽和粉尘）与空气（或氧气）必须在一定的浓度范围内均匀混合，形成混合气，遇着火源才会发生爆炸，这个浓度范围称为爆炸极限，或爆炸浓度极限。

爆炸极限是鉴别各种可燃气体发生爆炸危险性的主要数据。爆炸极限的上、下限之间范围愈大，形成爆炸混合物的机会愈多，发生爆炸事故的危险性愈大。爆炸下限愈小，形成爆炸混合物的浓度愈低，则形成爆炸的条件愈容易。

第二节　火灾的定义及分类

一、火灾的定义

（一）火的定义

"火"伴随着人类的历史和发展进程，无论是人们的衣食住行，还是工农业生产，乃至艺术创作，处处都离不开"火"。唯心主义认为"火"是神的化身，朴素唯物主义认为"火"是万物的本源，这些是人类对火的崇拜和无法解释现象的假说或猜想。现代科学从唯物主义出发，指出火是"以释放热量并伴有烟或火焰或两者兼有为特征的燃烧现象"。火的本质是物质燃烧时以光和热形式释放的能量，其可见部分称为"焰"。"火"作为象形文字也是从跳跃的火焰演变而来，如图2-3所示。

图2-3 象形文字"火"的演化过程

（二）火灾的定义

人类在用火享受光明和温暖的过程中，发现"火"既可以服从人们的意志，造福于人类，也会违背人们的意愿，肆虐横行，造成灾害，所以，迫使人们萌生了对"火"的敬畏之心，开启对"火"另一面的认识，也就是对"火灾"之认识。古人从不同的角度阐释了对火灾的认识。《公羊传》解释说："曷为或言灾，或言火。大者曰灾，小者曰火"；《左传·宣公十六年》提出"人或曰火，天火曰灾"；班固在《前汉书·五行志》指出"火曰炎上"；直到南朝刘昭在辑注《后汉书·五行志》中指出"火失其性而为灾"，指出火灾发生的本质，这与现代火灾科学对火灾的定义异曲同工。我国国家标准GB/T5907.1-2014《消防词汇第1部分：通用术语》中，将火定义为"在时间或空间上失去控制的燃烧所造成的灾害"。其包括两层含义：一是前提——燃烧失去控制，二是后果——造成灾害。

二、火灾的危害和特征

（一）火灾的危害

与其他灾害相比，火灾虽然不是危害最大的灾害，却是最常见的灾害之一，严重威胁人员生命和公私财产安全。具体而言，火灾的危害主要体现在以下五个方面：

1. 危害生命安全

俗话说，火灾猛于虎。火灾发生时，往往会造成人员伤亡，甚至群死群伤。2000年12月25日，河南省洛阳市东都商厦火灾，致309人死亡。2013年6月3日，吉林省德惠市宝源丰禽业有限公司厂房火灾，造成121人遇难、76人受伤。

2. 造成财产损失

火灾最常见的危害就是使公私财产化为乌有。据统计，20世纪80年代，年均火灾直接财产损失达3.6亿元，是50年代的6倍；进入90年代，年均直接财产损失为11.6亿元；21世纪以来，年均火灾直接财产损失高达15亿元左右。

3. 毁坏文化遗产

火灾是文化遗产的大敌，古建筑和古文物的毁坏大部分是由火灾造成的，有些历史遗留下来的文化成果，一旦烧毁就再也无法挽回。2019年4月15日，法国巴黎历史悠久最具代表性的古迹、被联合国教科文组织列入世界遗产名录、拥有850年历史的法国巴黎圣母院发生火灾，大火迅速将圣母院塔楼的尖顶吞噬，尖顶拦腰折断，整座建筑损毁严重。事故发生后，数百位市民跪在地上祷告大火能尽早熄灭，无数民众在圣米歇尔广场点燃蜡烛，哀悼损毁严重的巴黎圣母院。

4. 影响社会和谐稳定

火灾的频发势必会影响社会安定与和谐，特别是重特大火灾的发生，不仅会造成惨重的经济损失或人员伤亡，往往还会造成负面的社会影响，损害群众的安全感。从许多火灾案例来看，当学校、医院、宾馆、办公楼等公共场所发生群死群伤恶性火灾，或者涉及粮食、能源、资源等国计民生的重要工业建筑发生大火时，民众会产生心理恐慌。

5. 破坏生态环境

火灾往往会产生有毒有害烟气或导致其他污染物排放而污染大气和水环境，甚至影响和破坏生态环境，例如，森林火灾发生后，植被遭到破坏，将导致土地沙化、水土流失、洪水泛滥、物种毁灭、疾病流行等一系列威胁人类生存和发展的灾害发生。

（二）火灾的特征

相较于其他事故和灾害而言，火灾具有突发性强、发生频繁高、发展过程复杂、事故处理困难等特点。

1. 突发性强

火灾往往是突然发生，始料未及，发展蔓延速度快，影响区域广；特别是火灾爆炸事故的危害具有瞬时性，短时间内可能造成大量人员伤亡。

2. 发生频率高

由于可燃物质品种多、数量巨大，点火源复杂多样，火灾发生条件较为常见，因此，火灾发生频率远高于地震、海啸、洪水等其他灾害发生的概率。

3. 发展过程复杂

由于建筑、物质、火源的多样性，人员情况的复杂性，消防基础条件差异，以及发生火灾时的自然条件区别，以上因素相互作用和影响，使得火灾的发生和发展蔓延过程极为复杂和多变。

4. 事故处理艰巨

一旦发生火灾事故，将引发一系列的处置和善后工作，如组织扑救火灾和人员物资疏散，事后的火灾原因调查分析、事故法律责任认定、伤亡人员的救治和抚恤、财产损失的保险赔偿、生活与生产秩序的恢复等诸多方面事宜。

三、火灾的分类

（一）根据可燃物的燃烧特性分类

按照可燃物的性质，国家标准《火灾分类》（GB/T4968-2008）将火灾分为 A、B、C、D、E、F 六类。该分类的目的主要是指导灭火剂和灭火器的选用。

1. A 类火灾

A 类火灾是指普通固体可燃物燃烧引起的火灾。固体物质是火灾中最常见的燃烧物，如木材及木制品、纤维板、胶合板、纸张、纸板、家具；棉花、棉布、服装、被褥、粮食、谷类、豆类；合成橡胶、合成纤维、合成塑料、化学原料、建筑材料、装饰材料等，种类极其繁杂。A 类火灾可选用清水灭火剂、干粉灭火剂和 A 类泡沫灭火剂等。

2. B 类火灾

B 类火灾是指液体火灾和可熔化的固体物质火灾，如汽油、煤油、原油、甲醇、乙醇、沥青、石蜡火灾等。液体燃烧是指可燃液体受热变成蒸汽后与空气混合进行的燃烧。原油罐火灾的喷溅和轻质可燃液体的蒸汽云爆炸，是 B 类火灾中的两种特殊燃烧现象，破坏性极其严重。B 类火灾可选用泡沫灭火剂和干粉灭火剂等。

3. C 类火灾

C 类火灾是指可燃气体燃烧引起的火灾，如煤气、天然气、甲烷、乙烷、丙烷、氢气等火灾。按可燃气体与空气混合时间的不同，可燃气体燃烧分为预混燃烧和扩散燃烧。预混燃烧，即可燃气体与空气预先混合好后的燃烧；扩散燃烧，即可燃气体与空气边混合边燃烧。预混燃烧由于混合均匀，燃烧充分、完全，不产生碳粒子，燃烧速度快，失去控制的预混燃烧会发生爆炸，这是 C 类火灾最危险的燃烧方式。C 类火灾可选用洁净气体灭火剂和二氧化碳灭火剂等。

4. D 类火灾

D 类火灾是指可燃金属燃烧引起的火灾。锂、钠、钾、钙、锶、镁、铝、钛、锆、锌、铪、钚、钍和铀等金属物质处于薄片状、颗粒状或熔融状态时很容易着火，称为可燃金属。可燃金属燃烧引起的火灾之所以从 A 类火灾中分离出来，单独作为 D 类火灾，主要是因为这些金属燃烧时燃烧热很大，一般为普通燃料的 5 ~ 20 倍；火焰温度很高，有的甚至达到 3000℃ 以上；并且在高温下金属性质特别活泼，能与水、二氧化碳、氮、卤素及含卤化合物发生化学反应，使常用灭火剂失去作用，需要采用特殊的专用灭火剂灭火。

5．E 类火灾

E 类火灾是指带电火灾，即物体带电燃烧的火灾，如家用电器、电子元件、电气设备（计算机、复印机、打印机、传真机、发电机、电动机、变压器等）以及电线、电缆等燃烧时仍带电的火灾，而顶挂、壁挂的日常照明灯具及起火后可自行切断电源的设备所发生的火灾则不应列入带电火灾范围。E 类火灾热释放速率高，不宜采用水系灭火剂灭火，可选择干粉灭火剂、洁净气体灭火剂和二氧化碳灭火剂等。

6．F 类火灾

F 类火灾是指烹饪器具内的烹饪物，如动植物油脂燃烧造成的火灾。常用的烹调油包括菜籽油、玉米油、棉籽油、棕榈油、花生油、大豆油和动物油脂等。烹调油火灾时成分会裂解成短链醇、醛和酸，具有相对较低的沸点和自燃温度，因而易发生复燃。扑救烹调油火灾，通常可选用干粉灭火剂。

（二）按火灾造成损失严重程度分类

根据《生产安全事故报告和调查处理条例》规定的生产安全事故等级标准，火灾事故等级按照火灾造成损失程度的不同划分为四类，即特别重大火灾、重大火灾、较大火灾和一般火灾。该分类的目的主要用于火灾数据统计和火灾事故责任追究。

1．特别重大火灾，是指造成 30 人及以上死亡，或者 100 人及以上重伤，或者 1 亿元及以上直接财产损失的火灾。

2．重大火灾，是指造成 10 人及以上 30 人以下死亡，或者 50 人及以上 100 人以下重伤，或者 5000 万元及以上 1 亿元以下直接财产损失的火灾。

3．较大火灾，是指造成 3 人及以上 10 人以下死亡，或者 10 人及以上 50 人以下重伤，或者 1000 万元及以上 5000 万元以下直接财产损失的火灾。

4．一般火灾，是指造成 3 人以下死亡，或者 10 人以下重伤，或者 1000 万元以下直接财产损失的火灾。

第三节 火灾的起因与发展过程

一、常见火灾原因

凡是事故皆有起因，火灾亦不例外。火灾的成因可概括为人为因素和自然因素两大类。分析火灾原因是为了采取有针对性的技术措施和管理对策预防火灾发生。

（一）人为因素导致的火灾

根据消防年鉴的统计数据表明，每年发生的火灾中，大概 70% 以上是直接或间接地由人的不安全行为导致的。

1. 引发火灾的人为原因

（1）使用明火不慎引起火灾

人为导致火灾发生最常见的起火原因是使用明火不慎。例如，使用明火照明、祭祀等引燃可燃物；动火作业不慎引发火灾；烹饪煮饭不慎引发火灾；焚烧物品不当引发火灾等。

（2）违章操作引起火灾

根据科学的研究和经验的总结，对于火灾发生条件较充分、发生频率较高的工作岗位，通常都制定了相应的操作规程和岗位安全制度。但人们在工作过程中违反规定进行操作，如违章储存易燃易爆化学物品、违章装修、违章操作电气焊等，最终导致火灾事故发生。

（3）玩火引起火灾

玩火取乐，也是火灾发生的常见原因之一。特别是未成年人因缺乏看管，又不了解火的危险性，在玩火时往往会无意识地意外引起火灾。例如，燃放爆竹、偷着吸烟，或趁大人不在点着油灯或蜡烛做游戏时引燃可燃物失控而造成火灾。

（4）吸烟引起火灾

点燃的香烟烟头温度可高达 800℃，能引燃大部分可燃性物质。常见的吸烟引发火灾的情形有：卧床吸烟，烟头引燃被褥；在禁止火种的易燃易爆场所违章吸烟，引发火灾或爆炸；在可燃物中、森林中遗留未熄灭的烟头，缓慢阴燃后引发火灾。

（5）放火引起火灾

放火是指人为蓄意制造火灾的行为。放火是人为故意而为之，通常经过一定的策划准备，因此，往往没有初期扑救，起火点多，火灾发展迅速，后果严重。

2. 人产生不安全行为的心理状态

引发火灾的人的不安全行为往往是由于人们的疏忽大意、思想麻痹或过于自信导致的，很大程度上都是由人的某种心理状态在支配。如：侥幸心理、习惯心理、省事心理、逞能心理、厌倦心理、逆反心理等。

这几种心理状态一般都不是独立发挥作用，也就是说人们在工作和生活中发生的不安全行为多数是由两种以上心理状态同时起作用的结果。

（二）自然因素导致的火灾

1. 自燃引起火灾

有些物质虽未直接遇到明火，但由于受热、聚热或自身发生化学反应会自燃起火，如聚热自燃、受热自燃、化学危险物品自燃等。物质自燃有一定的规律可循，掌握这些规律，采取有效措施，就可以预防自燃火灾的发生。

2. 电气设备安装或使用不当引起火灾

（1）电器超负荷运转或绝缘不良短路发热起火；

（2）乱拉电线或电线绝缘损坏，碰线产生火花起火；

（3）用过的电器未切断电源起火；

（4）保险丝不合规格，超负荷时失去保护作用起火；

（5）大功率灯烤焦幕布等可燃物起火。

3. 静电放电引起火灾

两个不同的物体在相对运动中，由于摩擦的作用会产生静电。如果有接地良好的导电体，静电会很快被导走；如果是绝缘体，则电荷会愈积愈多，形成很高的电位，可达到几百伏甚至几千伏。这种带电体如果与不带电的或电位低的物体接触，就会发生放电现象，产生火花，引起燃烧。

4. 雷击引起火灾

雷电是一种自然现象，它是带有正电的雷云和带有负电的雷云，聚集到一定程度，冲破空气的绝缘，形成云和云之间的放电；或当带有负电的雷云在带有正电的大地上聚集到一定程度时，冲破空气的绝缘，形成云和大地之间的放电。它们在放电时，都迸发出强烈的光和声，接触到可燃物引起火灾。

二、火灾的发展过程

宏观来看，火灾的整个过程都是一个从小到大直到外力干预或可燃物燃烧殆尽而熄灭的过程。火灾的发展过程大致可分为初期增长阶段、充分发展阶段和衰减阶段。微观来看，不同的可燃物质、火灾环境，火灾的发展过程和现象又有细节的差别。鉴于高校学生大部分活动都在建筑物内进行，这里主要介绍室内火灾发展过程。

室内火灾的发展过程可以用室内烟气的平均温度随时间的变化来描述，其温度发展变化过程可分为四个阶段，如图 2-4 所示。

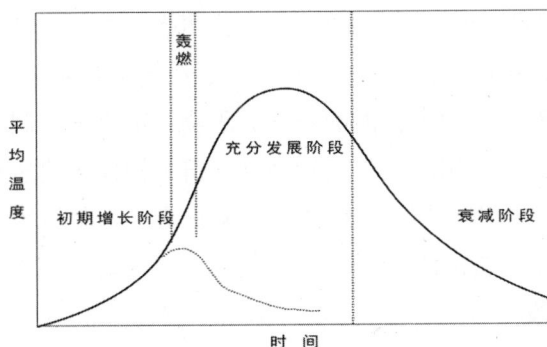

图 2-4 室内火灾温度—时间曲线

（一）初起阶段

室内火灾发生后，最初只局限于着火点处的可燃物燃烧。初起阶段的特点是：火灾燃烧范围不大，火灾仅限于初始起火点附近；室内温度差大，在燃烧区域及其附近存在高温，室内平均温度低；火灾发展速度较慢，在发展过程中，火势不稳定。火灾发展时间受点火源、可燃物质性质和分布、通风条件等影响，结果差别很大，可能会出现以下三种情况：一是以最初着火的少量可燃物燃尽而终止；二是因通风不足，火灾可能自行熄灭，或受到较弱供氧条件的支持，以缓慢的速度维持燃烧；三是有足够的可燃物，且有良好的通风条件，火灾会继续发展蔓延。

根据初起阶段的特点可见，该阶段是灭火的最有利时机，应设法争取尽早发现火灾并将火灾及时控制，消灭在起火点。初起阶段也是人员疏散的有利时机，得知火警后，火场人员应立即组织疏散。初起阶段时间持续越长，就有越多的机会发现火灾和灭火，并有利于人员安全撤离。

（二）全面发展阶段

在建筑室内火灾持续燃烧一定时间后，燃烧范围不断扩大，温度升高，室内的可燃物在高温的作用下，不断分解释放出可燃气体，当房间内温度达到 $400 \sim 600℃$ 时，室内绝大部分可燃物起火燃烧，这种在限定空间内可燃物的表面全部卷入燃烧的瞬变状态，称为轰燃。轰燃的出现是燃烧释放的热量在室内逐渐累积与对外散热共同作用、燃烧速率急剧增大的结果。轰燃是室内火灾最显著的特征之一，它标志着室内火灾进入全面发展的猛烈燃烧阶段。

轰燃发生后，室内可燃物出现全面燃烧，可燃物热释放速率进一步增加，室温急剧上升，并出现持续高温，温度可达 $800 \sim 1100℃$。火焰和高温烟气在火风压的作用下，从房间的开口大量喷出，把火灾蔓延到建筑物的其他部分。室内高温还对建筑构件产生热作用，使建筑物构件的承载能力下降，甚至造成建筑物局部或整体倒塌破坏，火灾扑救非常困难。对于安全疏散而言，人们若在轰燃之前还没有从室内逃出，则很难幸存。

火灾全面发展阶段的持续时间取决于室内可燃物的性质和数量、通风条件等。为了减少火灾损失，针对蔓延发展阶段的特点，在建筑防火中应采取的主要措施是：在建筑物内设置具有一定耐火性能的防火分隔物，把火灾控制在一定的范围之内，防止火灾大面积蔓延；选用耐火程度较高的建筑结构作为建筑物的承重体系，确保建筑物发生火灾时不倒塌破坏，为消防队扑救火灾、营救被困人员，以及火灾后建筑物修复、继续使用创造条件。

（三）熄灭阶段

在火灾全面燃烧阶段后期，随着室内可燃物的挥发物质不断减少，以及可燃物数量减少，火灾燃烧速度递减，温度逐渐下降。当室内平均温度降到温度最高值的80%时，则认为火灾进入熄灭阶段。随后，房间内温度下降显著，直到室内外温度达到平衡为止，火灾完全熄灭。

该阶段前期，燃烧仍十分猛烈，火灾温度仍很高。针对该阶段的特点，应注意防止建筑构件因较长时间受高温作用和灭火射水的冷却作用而出现裂缝、下沉、倾斜或倒塌破坏，确保消防人员的人身安全，并应注意防止火灾向相邻建筑蔓延。

三、建筑物内火灾蔓延的途径

建筑火灾最初是发生在建筑物内的某个房间或局部区域，发展到轰燃之后，火势猛烈，就会突破该房间的限制，蔓延到相邻房间区域，以至整个楼层，最后蔓延到整个建筑物。

（一）火灾在水平方向的蔓延

火焰和高温烟气在火风压的作用下，会从房间的门窗、孔洞等处大量涌出，沿走廊、吊顶迅速向水平方向蔓延扩散。常见的水平蔓延途径如下。

1. 未设防火分隔的区域

对于主体为耐火结构的建筑来说，造成水平快速蔓延的主要原因之一是建筑物内未设水平防火分隔物形成防火分区。火焰和高温烟气在没有设置防火墙及相应的防火门等敞开区域空间内沿可燃物的分布蔓延开来。

2. 洞口分隔不完善的门窗孔洞

火灾横向蔓延的另一途径是洞口处的分隔处理不完善。如，户门为可燃的木质门，火灾时被烧穿；普通防火卷帘无水幕保护，导致卷帘失去隔火作用；管道穿孔处未用不燃材料密封等。

3. 在吊顶内部空间蔓延

装设吊顶的建筑，房间与房间、房间与走廊之间的分隔墙只做到吊顶底边，吊顶上部仍为连通空间，一旦起火极易在吊顶内部蔓延，且难以及时发现，导致灾情扩大。即使没有设吊顶，隔墙如不砌到结构底部，留有孔洞或连通空间，也会成为火灾蔓延和烟气扩散的途径。

4. 通过可燃的隔墙、吊顶、地毯等蔓延

可燃构件与装饰物在火灾时直接成为火灾荷载，由于可燃物的持续延烧因而导致火灾蔓延扩大。

（二）火灾通过竖井蔓延

在现代建筑物内，有大量的电梯、楼梯、设备、垃圾等竖井以及上下联通的共享空间，贯穿整个建筑，若未作完善的防火分隔，一旦发生火灾，由于烟囱效应的作用，高温烟气将会快速向上蔓延到建筑的其他楼层。

1. 火灾通过楼梯间和电梯井蔓延

建筑的楼梯间，若未按防火、防烟要求进行防火门以及前室的分隔处理或者火灾时不能将防火门关闭，则在火灾时，焰火一旦进入楼梯和电梯井，将犹如烟囱一般，抽拔烟火，导致火灾沿电梯井迅速向上蔓延。

2. 火灾通过其他竖井蔓延

建筑中的通风竖井、管道井、电缆井等是建筑火灾蔓延的主要途径。此外，垃圾道内存在很多可燃物，是容易着火的部位，也是火灾蔓延的主要通道。

3. 火灾通过空调系统管道蔓延

建筑空调系统未按规定设防火阀、采用可燃材料做风管或可燃材料做保温层都容易造成火灾蔓延。一是通风管道本身起火延烧并向连通的空间、房间、吊顶内部、机房等蔓延；二是通风管道吸进起火房间的烟气，将其运送到其他空间再喷冒出来。

4. 火灾由窗口向上层蔓延

在现代建筑中，从起火房间窗口喷出的烟气和火焰，往往会沿窗与窗之间的墙经窗口向上逐层蔓延。火灾房间喷出的火焰被吸附在建筑物表面，有时甚至会卷入上层窗户而进入房间内部，形成纵向蔓延。

第四节　防火的基本原理与方法

可燃物、助燃物和引火源三个条件必须同时具备且相互作用，燃烧才能发生。防火的基本原理是基于对燃烧条件理论运用的结果，即限制燃烧条件的形成以及阻止燃烧的蔓延扩大。

一、控制可燃物

控制可燃物原理是消除或隔离可燃物质，在条件允许的情况下，通常的做法有以下几种：

1. 以难燃烧或不燃烧的材料代替易燃或可燃材料，如用水泥代替木材建造房屋，用大理石装饰墙面代替墙壁软包装饰；

2. 降低可燃物质（通常指可燃气体、粉尘等）在空气中的浓度，防止达到燃烧、爆炸的浓度，如在建筑内部采取全面通风或局部排风，使可燃物质不易积聚；

3. 改变可燃物的燃烧性能，如对可燃织物进行阻燃处理，用防火涂料浸涂钢结构材料；

4. 对性质上相互作用能发生燃烧或爆炸的物品采取分开存放或隔离保存，如防止"跑、冒、滴、漏"等。

二、控制助燃物

控制助燃物原理是限制燃烧的助燃条件，具体方法是：

1. 密闭有易燃、易爆物质的房间、容器和设备，与助燃物（氧气）隔离。例如将遇水、潮湿空气、含水物质可剧烈反应，放出易燃气体和大量热量，引起燃烧、爆炸，或可形成爆炸性混合气体，从而造成危险的物质的生产、储存安排在密闭设备或管道中进行。操作遇水致燃物品时，还应防接触皮肤、黏膜，以免灼伤；

2. 对有异常危险的生产采取充装惰性气体，如对乙炔、甲醇氧化、梯恩梯球磨等生产充装氮气保护；

3. 隔绝空气储存，如将二硫化碳、磷储存于水中，将金属钾、钠存于煤油中。

三、消除着火源

可燃物在生产、生活中的存在不可避免，作为最常见助燃物的氧气也几乎无处不在，所以防火防爆技术的重点应是消除引火源。其原理是消除或控制燃烧要素的着火源。具体方法是：

1. 禁止明火和火花。例如，在易燃易爆危险场所，禁止吸烟和动用明火；对汽车等排烟气系统，安装防火帽或火星熄灭器等。

2. 控制温度。例如进行烘烤、熬炼、热处理作业时，严格控制温度，不超过可燃物质的自燃点；经常润滑机器轴承，防止摩擦产生高温；用电设备应安装保险器，防止因电线短路或超负荷过热而起火；存放化学易燃物品的仓库，应遮挡阳光。

3. 使用避雷、静电消除设备。例如装运化学易燃物品时，铁质装卸、搬运工具应套上胶皮或衬上铜片、铝片；采用防爆电气设备；安避雷针，装接地线。

四、阻止火势蔓延

阻止火势蔓延原理是限制已形成的燃烧，防止或限制火灾扩大。如图2-5所示。具体方法是：

1. 防火分隔。例如，建筑物之间及贮罐、堆场等之间留足防火间距，设置防火墙、防火门和防火卷帘，划分防火分区，在管道上安装防火阀等。

2. 阻火装置。例如，在可燃气体管道上安装阻火器及水封等。

3. 防爆泄压。例如在能形成爆炸介质（可燃气体、可燃蒸气和粉尘）的厂房设置泄压门窗、轻质屋盖、轻质墙体等；在有压力的容器上安装防爆膜和安全阀。

图 2-5 阻止火势蔓延方式

思考与讨论题：

1. 燃烧发生和持续的基本条件是什么？

2. 火灾发生有哪几个阶段？

3. 防火的基本原理和基本方法有哪些？

4. 火灾从一个房间蔓延到整个建筑物的路径有哪些？可以采用哪些措施阻止和延缓火灾的蔓延？

5. 结合自己的学习和生活经历，谈一谈火灾的危害。

第三章　消防设施与器材

> 消防设施与器材是维护建（构）筑物消防安全和火灾时人员疏散安全的重要保障条件，是现代建筑安全的重要组成部分。本章主要介绍消防设施与器材的作用，配置和维护的基本要求，校园常见消防设施、灭火器材，以及消防安全标志的类型和功能。

第一节　消防设施与器材概述

一、消防设施与器材的含义

消防设施与器材主要用于建筑物的火灾报警、控火和灭火、人员疏散、防火分隔及灭火救援行动。消防设施，一般是指由若干个消防产品或组件组成的固定安装或设置的消防系统和设备，包括火灾自动报警系统、自动灭火系统、消火栓给水系统、防烟排烟系统以及应急广播和应急照明、安全疏散设施等。消防器材，主要是指移动的灭火器材、自救逃生器材以及消防安全标志等。

二、消防设施与器材的作用

（一）消防设施的作用

消防设施的主要作用是及时发现和消灭火灾，限制火灾蔓延，为有效地扑救火灾和人员疏散创造有利条件，从而减少火灾造成的财产损失和人员伤亡。根据消防设施发挥的功能和作用不同可分为：防火分隔类、火灾监测与报警类、消防给水类、灭火类、防烟与排烟类、安全疏散类以及其他设施。

1. 防火分隔设施

防火分隔设施的作用是能在一定时间内把火势控制在一定空间内，有效阻止其蔓延扩大的一系列分隔设施。各类防火分隔设施一般在耐火稳定性、完整性和隔热性等方面具有不同要求。常用的防火分隔设施有防火墙、防火隔墙、防火门、防火窗、防火卷帘、防火阀、阻火圈、防火堤以及消防水幕等。

2. 火灾自动报警设施

火灾自动报警设施的功能是对火灾特征指标，如温度、烟气、火焰、可燃气体、图像等进行实时监测，从而发现火情并发出报警信息、信号以及联动控制灭火设施的指令。常用的火灾自动报警设施有火灾探测报警系统、消防联动控制系统、可燃气体探测报警系统及电气火灾监控系统。

3. 消防给水设施

消防给水设施是建筑给水系统的重要组成部分，其主要作用是为建筑消防灭火设施储存并提供足够的消防水量和水压，确保消防供水安全可靠。消防给水设施通常包括消防供水管道、消防水池、消防水箱、消防水泵、稳压泵、消防水泵接合器等。

4. 固定灭火设施

固定灭火设施是自动感应初起火灾或接受火灾报警信号和联动指令后自动或手动开启灭火装置实施火灾扑救的一类重要消防设施，其作用是在建（构）筑物发生火灾时，能够快速实施自动灭火或为火场人员扑救火灾提供灭火工具，控制火灾蔓延或消灭火灾，实现建筑火灾自防自救。常见的固定灭火设施有消火栓系统、自动喷水灭火系统、水喷雾灭火系统、细水雾灭火系统、泡沫灭火系统、干粉灭火系统、气体灭火系统、消防水炮等。

5. 防烟与排烟设施

建筑中设置防烟排烟系统的作用是将火灾产生烟气及时排除，防止和延缓烟气扩散，保证疏散通道不受烟气侵害，确保建筑物内人员顺利疏散或安全避难。同时，将火灾现场的烟和热量及时排除，以减弱火势的蔓延，为火灾扑救创造有利条件。主要包括机械加压送风防烟设施、机械排烟设施、可开启外窗的自然排烟设施以及挡烟垂壁等。

6. 安全疏散设施

安全疏散设施作用是为避免被困人员因火烧、缺氧窒息、烟雾中毒和房屋倒塌造成伤害，尽快让被困人员疏散逃生到安全区域，保证消防人员迅速接近起火部位展开救援。安全疏散设施包括安全出口、疏散门、疏散楼梯、疏散（避难）走道、避难间、消防电梯、屋顶直升机停机坪、消防应急照明和疏散指示标志以及消防应急广播设施等。建（构）筑物发生火灾时，人员能否安全疏散与安全疏散设施的可靠程度和有效维护紧密相关。

7. 其他设施

其他设施是指为消防设施提供动力、通信、照明等基础保障的设施，其作用是保证消防设施能够正常工作运转、辅助灭火救援开展以及人员疏散。常用的设施有消防专用的供配电设施、消防专用电话、消防电话插孔等。

（二）消防器材的作用

消防器材是指移动的各类消防器具，种类多、使用普遍。按其使用功能作用不同可划分为：灭火类、逃生类以及消防安全标志。

1. 灭火器材

灭火器材的作用是为人员扑救初起火灾提供获取方便、操作简单的救火工具，辅助快速灭火。常见灭火器材有灭火器、灭火毯、消防沙、消防水桶、消防铁锹、消防钩等。

2. 火灾逃生器材

火灾逃生器材是为火场受困人员的逃生提供应急保障和辅助工具，帮助人员安全和快速抵达安全地带。常见逃生器材有逃生缓降器、逃生梯、逃生滑道、应急逃生器、逃生绳、自救呼吸器等。

3. 消防安全标志

消防安全标志的功能是警示各类场所或周围环境的危险状况，指导人们采取合理行为的标志。消防安全标志的作用一方面能够提醒人们预防危险，从而避免事故发生；另一方面是当危险发生时，能够指示人们尽快逃离，或者指示人们采取正确、有效、得力的措施，对危害加以遏制。消防安全标志不仅类型要与所警示的内容相吻合，而且设置位置要科学合理，否则就难以真正充分发挥其警示作用。常见的消防安全标志按内容不同有禁止标志、警告标志、指令标志、提示标志四类。

三、配置和维护基本要求

（一）配置基本要求

建筑消防设施的设计、安装以及维护和检测，应当以国家有关消防法律、法规和技术规范为依据和指导。

1. 按照《建筑设计防火规范》，根据建（构）筑的所处环境、使用性质、体量、耐火等级和火灾危险性的不同，设置相应功能和类型的建筑消防设施。

2. 需要进行消防设计的建设工程，应当进行消防专项设计，并依法由行政主管部门实行建设工程消防设计审查验收制度。

3. 建筑消防设施的安装单位应具备相应等级施工资质，并按图施工，确保工程质量符合相关技术标准要求。

4. 建筑消防设施中选用的产品应当符合国家标准或者行业标准，且应符合国家市场准入的要求，禁止配置和使用不合格或者国家明令淘汰的设施或产品。

（二）维护与检测要求

消防设施与器材对保护人身和财产的消防安全起着举足轻重的作用，因此，平时应注意保护消防设施与器材，确保其始终完好有效，关键时刻才能真正发挥作用。具体应做好以下工作：

1. 建筑消防设施作为公共安全设施的一部分，任何单位和个人不得损坏、圈占、挪用或者擅自改造、停用。

2. 明确专门部门和专人负责建筑消防设施的操作、检查和维护保养工作。

3. 制定建筑消防设施的管理制度和操作规程，落实建筑消防设施的日常维护保养制度，及时整改设置与运行中存在的问题。

4. 定期组织对建筑消防设施进行检查测试。

5. 建立建筑消防设施配置、运行等情况的管理档案。

第二节　校园常见消防设施

根据《建筑设计防火规范》（GB50016-2014）（2018版）等国家工程建设消防技术标准的有关规定，校园常见的建筑消防设施有火灾自动报警系统、消火栓系统、自动喷水灭火系统、防烟与排烟系统、防火分隔设施、安全疏散设施。

一、火灾自动报警系统

火灾自动报警系统由火灾探测报警系统、消防联动控制系统、可燃气体探测报警系统及电气火灾监控系统组成。

（一）功能

火灾自动报警系统功能是能够在火灾初期将燃烧产生的烟雾、热量、火焰等物理量，通过火灾探测器变成电信号，传输到火灾报警控制器，并同时显示出火灾发生的部位、时间等，使人们能够及时发现火灾并采取有效措施。该系统能及时、准确地探测被保护对象的初起火灾，并做出报警响应，从而使建筑物中的人员有足够的时间在火灾尚未发展蔓延到危害生命安全的程度时疏散至安全地带，是保障人员生命安全的最基本的建筑消防系统。火灾自动报警系统可用于人员居住和经常有人滞留的场所、存放重要物资或燃烧后产生严重污染需要及时报警的场所。

（二）系统的组成及工作过程

火灾自动报警系统由火灾探测触发装置、火灾警报装置以及具有其他辅助功能的装置组成，如图3-1所示。

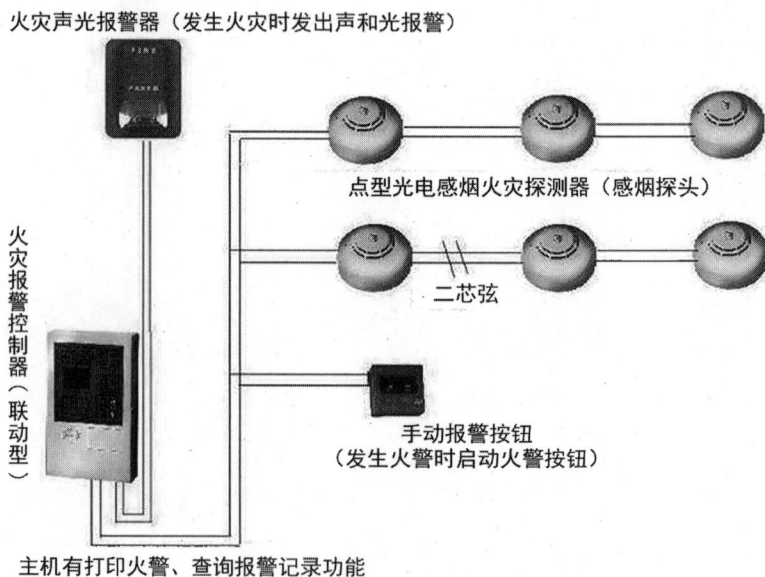

图 3-1　火灾探测报警系统组成示意图

火灾探测报警系统工作过程是：平时安装在建筑物内的火灾探测器实时监测被警戒的保护区域；当某一被监视场所着火，安装在保护区域现场的火灾探测器将火灾产生的烟雾、热量和光辐射等火灾特征参数转变为电信号，经数据处理后，火灾特征参数信息被传输至火灾报警控制器，或直接由火灾探测器作出火灾报警判断后，将报警信息传输到火灾报警控制器。控制器将此信号与现场正常状态的信号进行比较，若确认是火灾，则输出两回路信号：一路指令声光显示装置动作，发出音响报警及显示火灾现场地址，记录第一次报警时间；另一路则指令设于现场的执行器对其他自动消防设施进行联动控制，使整个消防自动控制系统启动工作状态，以便联动完成灭火。为了防止系统失控或执行器中组件、阀门失灵而贻误救火时间，现场附近还设有手动报警按钮，方便手动报警以及控制执行器动作，保障及时扑灭火灾。

二、消火栓给水系统

消火栓给水系统是提供火场灭火给水的一系列工程设施的总称。消火栓给水系统是建设工程中设置的最广泛的一种消防设施，分为市政消火栓给水系统、室外消火栓给水系统和室内消火栓给水系统。

（一）室外消火栓系统

1. 功能

室外消防给水管网（管道）均保持有一定压力。室外消火栓给水系统是通过室外消火栓为消防车等消防设备提供消防用水，或通过进户管为室内消防给水设备提供消防用水的一系列给水工程设施的总称。当室外消火栓周围发生火灾时，也可以直接接出水带、水枪实施灭火。

2. 系统的组成

室外消火栓系统主要由消防水源、消防供水设施、室外消防给水管网和室外消火栓等设备组成。室外消防给水管网包括进水管、干管和相应的配件、附件，室外消火栓的间距不应超过120米。室外消火栓分为地上消火栓和地下消火栓（用于寒冷地区）两类。如图3-2所示。

（a）地上式消火栓　　　（b）地下式消火栓

图3-2 室外消火栓

（二）室内消火栓系统

1．功能

室内消火栓设置在建筑物内部，通过室内消防管网向火场供水。带有阀门的接口，通常安装在消火栓箱内，与消防水带和水枪等器材配套使用，间距不应超过30米。室内消火栓给水系统是一种既可供火灾现场人员使用消火栓箱内的消防水喉或水枪扑救初起火灾，又可供消防队员使用箱内消火栓和水枪扑救火灾的灭火系统。该系统是建（构）筑物设置最广泛的一种消防设施。

2．系统的组成

室内消火栓系统主要由消防水源、供水设备、室内消防给水管网、室内消火栓设备等组成，如图3-3所示。当发生火灾后，打开消火栓箱门，按动火灾报警按钮，向消防控制室发出火灾报警信号，然后迅速拉出水带、水枪（或消防水喉），开启消火栓手轮，通过水枪（或水喉）产生的射流，将水射向着火点实施灭火。

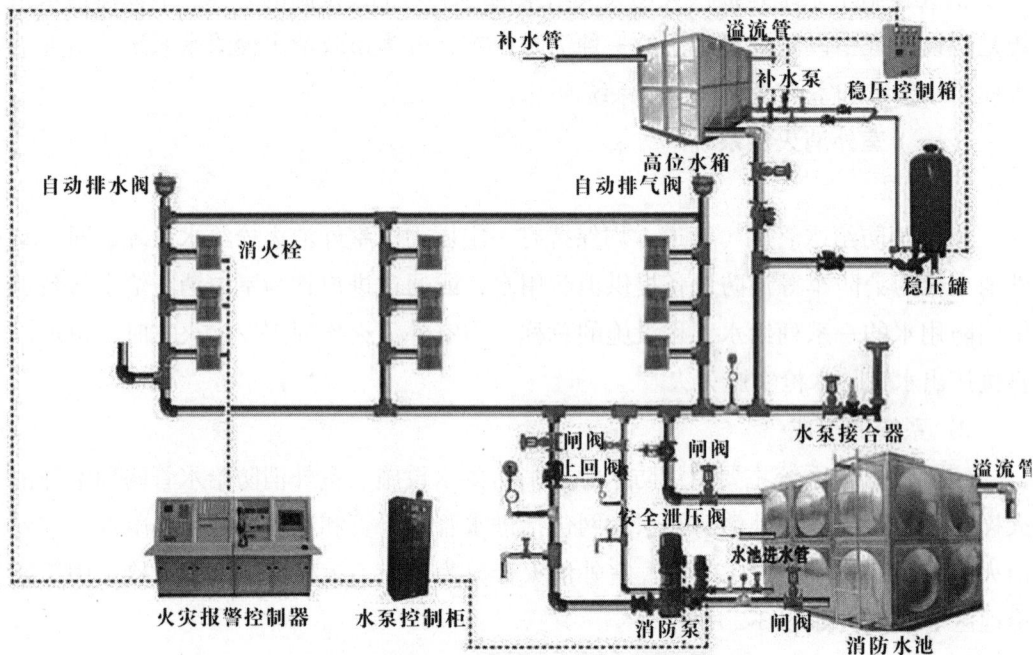

图 3-3 室内消火栓给水系统组成示意图

3．室内消火栓箱的组件及维护管理

室内消火栓箱由消火栓阀、水枪、水带、挂架、水带卡扣、消防按钮组成，有特殊要求时，可增加软管卷盘。室内消火栓箱内应保持清洁、干燥，防止锈蚀、碰伤或其他损坏。每半年至少进行一次全面的检查维修。如图3-4所示。主要内容有：

（1）设备是否完好，有无生锈、漏水，接口垫圈是否完整无缺，并进行放水检查，检查后及时擦干，在消火栓阀杆上加润滑油。

图 3-4　消火栓箱

（2）各部件的转动机构是否灵活，箱内水带卷盘及消防软管卷盘的转动轴是否转动自如。

（3）报警按钮、指示灯等功能是否正常、无故障。

（4）检查各部件外观有无损坏，涂层是否脱落，箱门玻璃是否完好无缺。

（5）各组成设备保持清洁、干燥，防止锈蚀或损坏。转动部分加润滑油。如有损坏，及时修复或更换。

（6）日常检查箱体四周有无影响其使用的物品。

三、自动喷水灭火系统

（一）功能

自动喷水灭火系统是在火灾初期，通过感温元件或接受火灾报警信号自动打开喷头，并启动供水设备持续喷水灭火的消防系统。自动喷水灭火系统是应用最为广泛且最有效的自动灭火系统，能够有效地实现初期火灾的扑救和控制火势蔓延。根据所使用喷头的开闭型式，自动喷水灭火系统分为闭式系统和开式系统两大类。根据系统的用途和配置状况，自动喷水灭火系统又分为湿式系统、干式系统、预作用系统、雨淋系统、水幕系统以及自动喷水 — 泡沫联用系统等类型。校园常见的自动喷水灭火系统有湿式系统和水幕系统两种类型。

（二）湿式自动喷水灭火系统组成及工作过程

湿式系统是指准工作状态时管道内充满用于启动系统的有压水的闭式系统。该系统由闭式喷头、湿式报警阀组、管道系统、水流指示器、报警控制装置和末端试水装置、给水设备等组成，如图 3-5 所示。工作原理是：当防护区发生火灾，火源周围环境温度上升，火焰或高温气流使闭式喷头的热敏感元件动作，喷头开启喷水灭火时，水流指示器由于水的流动被感应并送出电信号，在报警控制器上显示某一区域已在喷水；由于湿式报警阀后的配水管道内的水压下降，使原来处于关闭状态的湿式报警阀开启，压力水流向配水管道；随着报警阀的开启，报警信号管路开通，压力水冲击水力警铃发出声响报警信号，同时安装在管路上的压力开关接通并发出相应的电信号，直接或通过消防控制室自动启动消防水泵向系统加压供水，达到持续自动喷水灭火的目的。

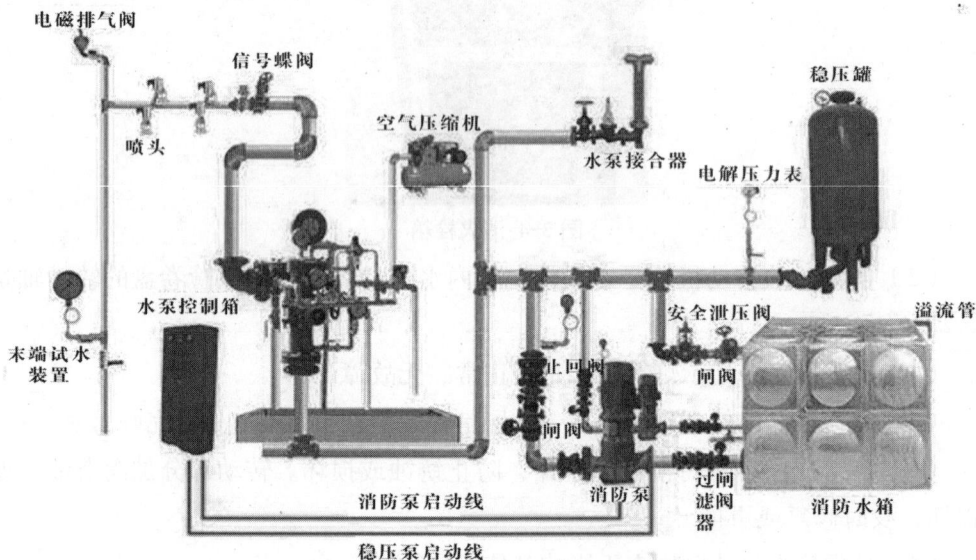

图 3-5 自动喷水灭火系统组成示意图

（三）消防水幕系统组成及工作过程

消防水幕系统是由开式洒水喷头或水幕喷头、雨淋报警阀组或感温雨淋阀，以及水流报警装置（水流指示器或压力开关）等组成，启动喷洒时，形成一面水帘，阻止火势蔓延，如图 3-6 所示。工作过程是：当发生火灾时，由火灾探测器或人工发现火灾，电动或手动开启控制阀，然后系统通过水幕喷头喷水，用于挡烟阻火和冷却分隔物。

图 3-6 消防水幕系统喷洒效果图

四、防烟与排烟系统

（一）功能

防排烟系统是建筑物内设置的用以控制烟气运动，防止火灾初期烟气蔓延扩散，确保室内人员的安全疏散和安全避难，并为消防救援创造有利条件的防烟系统和排烟系统的总称，如图3-7所示。防排烟系统分为机械防排烟系统和自然防排烟系统。

图 3-7　防烟与排烟系统工作示意图

（二）防烟系统的组成及工作原理

防烟系统分为自然通风系统和机械加压送风系统。自然通风系统由可开启外窗等自然通风设施进行通风。而机械加压送风系统主要由送风口（阀）、送风井（管）道、送风机和风机控制柜等组成。其工作原理是：当建筑物发生火灾时，向需要防烟的部位送入足够的新鲜空气，使其维持高于建筑物其他部位的压力，从而把着火区域所产生的烟气堵截于防烟部位之外。

（三）排烟系统的组成及工作原理

排烟系统分为自然排烟系统和机械排烟系统。自然排烟系统主要由自然排烟口等组成，工作原理是：利用建筑物的构造，在自然力的作用下，即利用火灾产生的热烟气流的浮力和外部风力作用，通过建筑物房间或走道的开口把烟气排至室外。机械排烟系统主要由挡烟构件、排烟口（阀）、排烟防火阀、排烟管道、排烟风机及排烟出口等组成。工作原理是：当建筑物内发生火灾时，由火灾自动报警系统联动控制或由现场人员手动控制，开启活动的挡烟垂壁使其降落至规定位置，将烟气控制在发生火灾的防烟分区内，并打开相应的排烟口，同时关闭空调系统和送风管道内的防火调节阀，防止烟气从空调、通风系统蔓延到其他非着火房间，然后启动排烟风机，将火灾烟气通过排烟管道排至室外。

五、防火门

（一）功能

防火门是指在一定时间内能满足耐火稳定性、完整性和隔热性要求的门。它是设在防火分区间、疏散楼梯间、电梯前室、垂直竖井等具有一定耐火性的防火分隔物。防火门除具有普通门的作用外，更具有阻止火势蔓延和烟气扩散的作用，可在一定时间内阻止火势的蔓延，为火灾时人员安全疏散提供保护屏障。当防火门在火灾时处于敞开状态时，其阻隔烟、火的功能将彻底丧失。

（二）组成

防火门由门扇、门框、防火门释放器、顺序器、闭门器、防火锁具、防火合页、防火玻璃、填充隔热耐火材料及控制设备等组成，如图3-8所示。防火门按耐火极限的不同，分为甲级、乙级和丙级防火门三种类型。防火门按开闭状态的不同，分为常开防火门和常闭防火门两种类型。

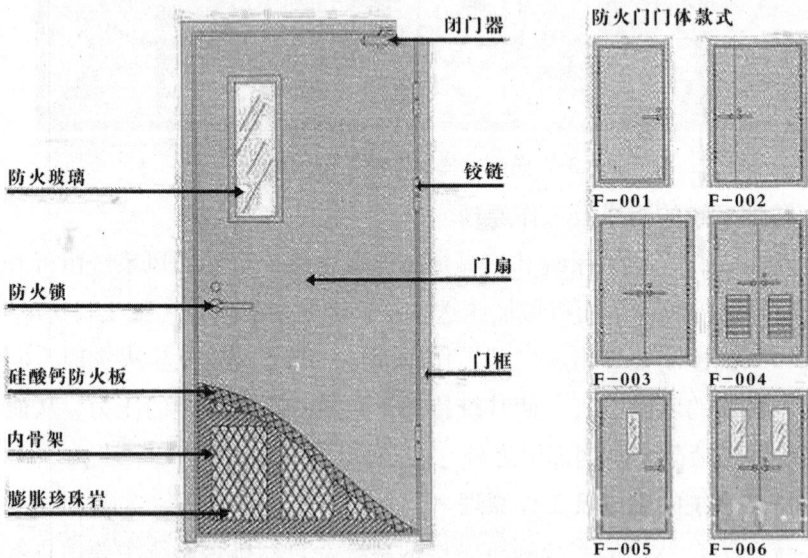

图 3-8 防火门组成示意图

（三）设置要求

1. 防火门选用符合国家标准的合格产品，外观及组件完好，无破损；

2. 防火门耐火极限应符合适用场所和部位的防火要求；

3. 疏散用的防火门向疏散方向开启，关闭后能从任何一侧手动开启；

4. 用于疏散走道、楼梯间和前室的防火门，能自行关闭，双扇防火门能够顺序关闭；

5. 按照消防技术规范，除允许设置常开防火门的位置外，其他位置的防火门均应采用常闭防火门；常闭式防火门处于常闭状态，张贴"常闭"提示性标语；

6. 设置在建筑内经常有人通行处的防火门宜采用常开防火门；常开防火门应能在火灾时自行关闭，启闭状态在消防控制室能够正确显示。

六、防火卷帘

（一）功能

防火卷帘是指在一定时间内，连同框架能满足耐火完整性、隔热性等要求的卷帘。防火卷帘是一种适用于建筑物较大洞口处的防火、隔热设施，具有结构合理紧凑、不占空间的优点，通常设置在自动扶梯周围，与中庭相连接的过厅、通道部位，代替防火墙。

（二）构造

防火卷帘通常由帘板、导轨、传动装置、控制机构、手动速放关闭装置、箱体、卷门机、限位及按钮开关等组成，如图 3-9 所示。

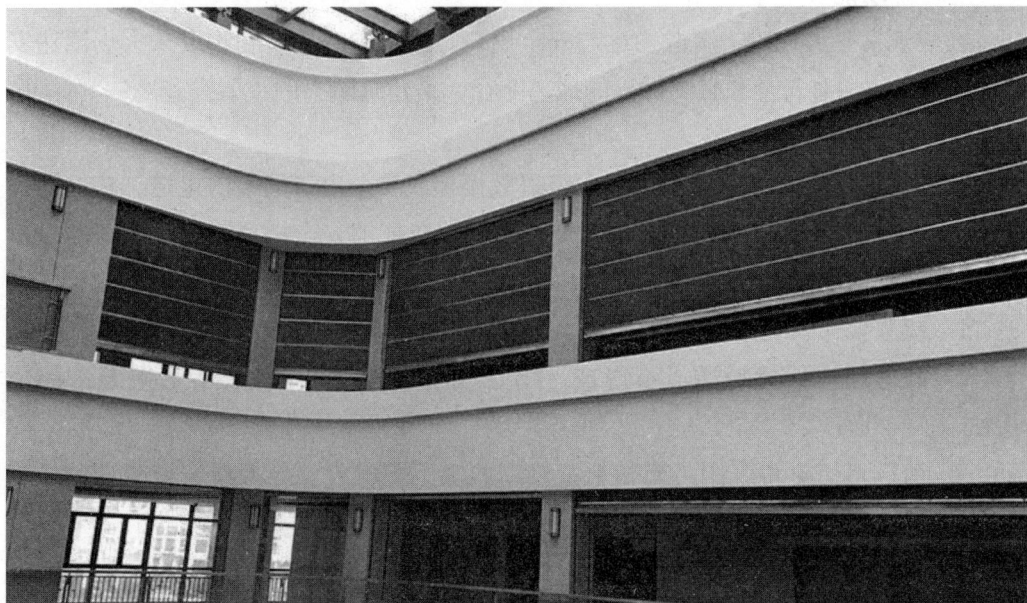

图 3-9　防火卷帘的构造

（三）操作控制方式

防火卷帘平时卷放在门、窗、洞口上方或侧面的转轴箱内，火灾时将其放下展开，是用以阻止火势从门、窗、洞口蔓延的活动式防火分隔物。防火卷帘的操作控制有消防控制室远程操作、现场电动手动操作与机械应急操作三种控制方式。

1. 消控室远程操作：消防控制室内的值班人员由监控屏幕发现或由报警器报警，在某个区域发生火灾情况下，直接在控制室启动电开关操作卷帘起降。

2. 现场电动手动操作：操纵卷帘门自动运行的电动按钮设置在卷帘门一侧的内外墙体上，既能在里侧操作，又能在外侧操作。操作时，按绿色上键，卷帘即向上卷；按绿色下键，卷帘即向下降；按中间红色键，即停止。

3. 机械应急手动操作：防火卷帘门手动操作装置是一条圆环式铁锁链，通常锁链被放置在一个储藏箱内。操作时，先开启箱门拿出锁链，如向下拉靠墙一侧的锁链，卷帘便向下降；如向下拉另一侧锁链，卷帘便向上卷起。

（四）设置和维护要求

1. 防火卷帘设置的耐火级别要符合适用场所的要求；

2. 防火卷帘外观完整，与其他建筑构件连接处密封严实；

3. 防火卷帘能通过自动、手动、联动的方式顺畅启闭；

4. 防火卷帘下方禁止堆放杂物。

七、疏散通道与安全出口

（一）功能

在建筑发生火灾时，疏散通道与安全出口是为火灾时人员和物资从火场到达安全区域提供的相对安全和必要保障的撤离路径，是建筑防火的重要设施之一。

（二）疏散通道

疏散通道是疏散时人员从房间内至疏散楼梯或安全出口的室内走道、疏散门和楼梯。疏散通道是在发生火灾时，保证人员和物资能够安全撤离险境的主要路径，应保证畅通，不允许堆积杂物。设置和维护要求是：

1. 疏散楼梯和疏散门的数量、宽度以及疏散距离符合规范要求；

2. 疏散通道保持畅通，不得被占用、堆放杂物或安装栅栏等影响疏散的障碍物；

3. 疏散通道不得采用可燃材料装修，两侧不应设置误导人员安全疏散的反光镜子、玻璃等装修材料。

（三）安全出口

安全出口是指供人员安全疏散用楼梯间和室外楼梯的出入口或直通室内外安全区域的出口。设置和维护要求如下：

1. 安全出口设置的数量、宽度和距离符合消防技术规范的要求；

2. 安全出口门设置形式为平开门，向疏散方向开启；

3. 安全出口畅通，禁止锁闭、堵塞或封堵；

4. 安全出口处 1.4 米内不得设置踏步、台阶、门槛等影响疏散的障碍物；

5. 平时需要控制人员随意出入的疏散门，不用任何工具能从内部开启，并有明显标志和使用提示。

八、消防应急照明和疏散指示引导系统

（一）功能

消防应急照明和疏散指示系统，是指为火灾中人员疏散、灭火救援行动提供照

明和方向指示的安全疏散设施。当建筑物发生火灾，正常照明电源被切断时，为了给被困人员提供必要的疏散照明和疏散方向指示，以免因看不清路面、辨别不出方向而发生拥挤、碰撞、摔倒等事故，以及为消防队员进行灭火、抢救伤员和疏散物资等行动提供便利，应在建（构）筑物中设置疏散指示和消防应急照明系统。

（二）疏散指示标志

疏散指示标志是在疏散走道和疏散路线的地面上或靠近地面的墙上设置的为人员安全疏散提供疏散指示的发光标志。设置要求如下：

1. 疏散走道、安全出口、疏散门和大空间室内走道等部位设置疏散指示标志；
2. 安装位置符合规范要求，指向正确，无遮挡和覆盖；
3. 安装距离符合规范要求，能形成视觉连续性；
4. 疏散指示标志产品是合格消防产品，无破损；
5. 按下测试按钮或切断正常供电电源，发光疏散指示标志启动。

（三）消防应急照明灯

消防应急照明灯是一种自动充电的照明灯，当发生火灾或停电时，消防应急灯会自动工作照明，为人员疏散或消防作业提供照明。设置要求如下：

1. 封闭楼梯间、防烟楼梯间及其前室、消防电梯前室、消防控制室、自动发电机房、消防水泵房和疏散走道等部位设置消防应急照明灯；
2. 安装位置为墙面或顶棚处；
3. 应急照明灯是合格消防产品，无破损；
4. 应急照明灯有非燃烧材料或玻璃作保护罩；
5. 按下测试按钮或切断正常供电电源，应急照明灯提供照明；
6. 独立性（自带蓄电池）应急照明灯连续供电时长符合规范要求。

（四）消防应急广播设施

消防应急广播设施，主要是用于火灾或意外事故时对指定区域进行应急信息广播，并指挥现场人员进行疏散。

独立的消防应急广播系统由消防广播功放、分配盘或广播模块、音频线路及扬声器（喇叭）所组成。合用消防应急广播系统，在充分利用背景音乐广播系统的基础上，可只设 1 台或 2 台消防广播功放。设有消防控制室的建筑应设置消防应急广播设施，以便于火灾疏散统一指挥。

第三节　灭火器

灭火器是一种由人力手提或推拉至着火点附近，手动操作并在其内部压力作用下，将所充装的灭火剂喷出实施灭火的常规灭火器具。当建筑物发生火灾，在固定灭火系统尚未启动，且消防队尚未到达火场之前，火灾现场人员可使用灭火器先行灭火，能有效扑灭各类保护场所的初起火灾，同时还可节省灭火系统启动的耗费。

一、灭火器的类型与特点

（一）按灭火器的移动方式不同分类

1. 手提式灭火器

指可手提移动的并能在其内部压力作用下，将所装的灭火剂喷出用以扑救火灾的灭火器具，如图 3-10 所示。手提式灭火器的总质量在 20 千克以下，其中二氧化碳灭火器的总质量不超过 23 千克，是能手提移动实施灭火的便携式灭火器，应用较为广泛。

2. 推车式灭火器

指装有轮子的可由一人推或拉至火场，并能在其内部压力作用下，将所装的灭火剂喷出用以扑救火灾的灭火器具，如图 3-11 所示。推车式灭火器充装量较大，连续喷射时间长，适用于扑灭工厂、仓库、加油站等场所的火灾。

图 3-10　手提式灭火器图

图 3-11　推车式灭火器

3. 背负式灭火器

指能用肩背着实施灭火，灭火剂充装量较大的灭火器。一般是消防人员专用的灭火器。

4. 悬挂式灭火器

悬挂式灭火器是悬挂在保护场所内，依靠火焰将其引爆自动实施灭火。

（二）按充装的灭火剂分类

1. 水型灭火器

水型灭火器属于水基型灭火器，是利用装在筒内贮气瓶气体的压力将筒内的清水或强化水喷出灭火的灭火器。常见的有清水灭火器、强化水灭火器、水雾灭火器。如图 3-12 所示。

图 3-12　水型灭火器

清水灭火器和强化水灭火器主要用于扑救木材、纺织品、棉麻、纸张、粮草等一般固体物质的初起火灾，不适于扑救油类、电气设备、轻金属、可燃气体的火灾。目前，新型的水雾灭火器采用军工喷射雾化技术，既能产生亚毫米级水滴雾，又能产生千米级的喷射速度，灭火后也不会污染或仅有少许水迹（渍），所以，广泛应用于电器设备、保健设备、档案馆、博物馆、办公楼等场所。

2. 泡沫灭火器

泡沫灭火器属于水基型灭火器，主要是空气泡沫灭火器，是用喷射的泡沫扑救油类及一般固体物质的初起火灾。

空气泡沫灭火器按空气泡沫原液与清水是否预先混合分为预混合型和分装型两种类型。预混合型是指空气泡沫原液与清水预先按比例混合后，一起装入灭火器内。分装型是指空气泡沫原液与清水在灭火器内分别封装，使用时两种液体才能按比例混合。

按照加压方式，空气泡沫灭火器分为贮压式和贮气瓶式。空气泡沫灭火器常见的为轻水泡沫灭火器，是中高倍泡沫与水预混后储存在储罐内，灭火时通过贮气瓶气体的压力将筒内的轻水泡沫喷出灭火的灭火器。

由于泡沫灭火与清水灭火的机理不尽相同，水灭火主要是冷却作用，而泡沫灭火除冷却作用外，还由于泡沫覆盖燃烧物质，能够隔绝空气，并能遮住火焰的热辐射，阻止燃烧液体及附近可燃液体的蒸发，因此，泡沫灭火器除了能扑救一般固体物质，如木材、竹器、棉花、织物、纸张等初起火灾外，主要用于扑救液体物质如汽油、煤油、柴油、植物油、油脂等的初起火灾，其中，抗溶空气泡沫灭火器能够扑救极性溶剂，如甲醇、乙醚、丙酮等溶剂的火灾。但泡沫灭火器不能扑救带电设备火灾和轻金属火灾。

3. 干粉灭火器

干粉灭火器是最常见的灭火器，是利用二氧化碳气体或氮气气体作动力，将筒内的干粉灭火剂喷出灭火的灭火器。干粉灭火剂是一种干燥的、易于流动的微细固体粉末，它由能灭火的基料和防潮剂、流动促进剂、结块防止剂等添加剂组成，主要适用于扑救石油及其产品、有机溶剂等易燃液体、可燃气体和电气设备火灾。

按照驱动方式不同，干粉灭火器分为贮压式干粉灭火器和贮气瓶式干粉灭火器。贮压式干粉灭火器是将加压气体，一般为压缩氮气或空气与干粉一同储存在灭火器中；贮气瓶干粉灭火器则将加压液化二氧化碳装入气瓶内，需要时，破坏掉贮气瓶密封，使高压气体释放出来，进而搅动干粉形成气粉混合流。

根据充装的干粉灭火剂种类的不同，干粉灭火器分为碳酸氢钠干粉灭火器（BC干粉灭火器）、磷酸铵盐干粉灭火器（ABC干粉灭火器）和D类火专用干粉灭火器。

干粉灭火器是目前使用和配置最多的一种灭火器，常用于扑救加油站、汽车库、实验室、变配电室、煤气站、液化气站、油库、船舶、车辆、工矿企业及公共建筑物等场所的初起火灾。但干粉灭火器抗复燃性较差，对一些灭火后易复燃的场所，应适当与泡沫灭火器联用，这样灭火效果会更佳。

4. 二氧化碳灭火器

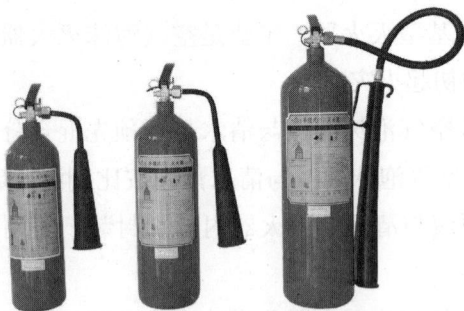

图 3-13　手提式二氧化碳灭火器

二氧化碳灭火器是充装液态二氧化碳，利用气化了的二氧化碳气体进行灭火的灭火器。二氧化碳的灭火原理有隔绝空气、降低空气中氧的含量和降低燃烧区温度，主要是依靠稀释空气的原理灭火，把燃烧区空气中的氧浓度降低到维持物质燃烧的极限浓度以下，从而使燃烧窒息。如图 3-13 所示。

由于二氧化碳灭火剂是一种不带电物质，灭火后不留痕迹，它可用于扑救贵重设备、档案资料、仪器仪表、600 瓦以下的电气设备及少量油类的初起火灾，但不能扑救钾、钠、镁等金属火灾，用于扑救粮棉麻及化纤织物火灾时，也容易复燃。因此，二氧化碳灭火器常用于加油站、油泵间、液化气站、实验室、变配电室、柴油发电机房等场所的防护，还可用于电子计算机房、通信机房和精密设备间等场所的防护，对阴燃的物质和室外火灾，扑救效果较差。

5. 洁净气体灭火器

洁净气体灭火器是指利用氮气的压力将充装的洁净气体灭火剂，如卤代烷烃类气体灭火剂、惰性气体灭火剂和混合气体灭火剂等，喷出灭火的灭火器。

洁净气体灭火剂具有较好的热稳定性和化学惰性，久贮不变质，对钢、铜、铝等常用金属腐蚀作用小，并且由于灭火时是液化气体，所以灭火后不留痕迹，不污染物品，可用于扑救可燃固体，甲、乙、丙类液体，可燃气体和带电设备火灾，不能用于扑救金属火灾。

（三）灭火器型号编制与识别

我国灭火器的型号由类、组、特征代号和主要参数四部分组成。其中类、组、特征代号是用有代表性的汉字的拼音字母的字头表示，主要参数是灭火剂的充装量。例如，MPZAR6 表示 6 升手提贮压式抗溶性泡沫灭火器，MFABC5 表示 5 千克手提贮气瓶式 ABC 干粉灭火器。如表格 3-1 所示。

表 3-1　灭火剂代号和特定的灭火剂特征代号

分类	灭火剂代号	灭火剂代号含义	特定的灭火剂特征代号	特征代号含义
水基型灭火器	S	清水或带添加剂的水	AR（不具有此性能不写）	具有扑灭水溶性液体火灾的能力
	P	泡沫灭火剂，具有发泡倍数和 25% 析液时间要求，包括 P、FP、S、AR、AFFF 和 FFFP 等灭火剂	AR（不具有此性能不写）	具有扑灭水溶性液体火灾的能力
干粉灭火器	F	干粉灭火剂，包括 BC 型和 ABC 型干粉灭火剂	ABC（BC 型干粉灭火剂不写）	具有扑灭 A 类火灾的能力

（接上表）

二氧化碳灭火器	T	二氧化碳灭火剂	—	
洁净气体灭火器	J	洁净气体灭火剂，包括卤代烷烃类气体灭火剂、惰性气体灭火剂和混合气体灭火剂等	—	

二、灭火器的结构

（一）手提式灭火器

手提式灭火器由筒体、筒盖、贮气瓶或贮压瓶、喷射系统和开启机构等部件组成。如图 3-14 所示。

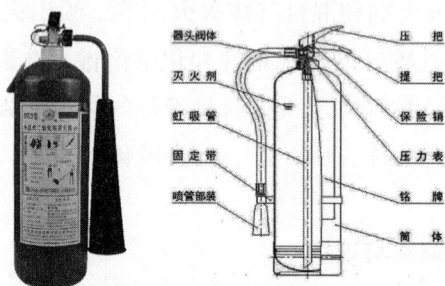

图 3-14　手提式灭火器

1. 筒体。筒体是存放灭火剂的容器。它由筒身、连接螺圈和底圈组成。连接螺圈是灭火器筒体与筒盖互相连接的零件。

2. 筒盖。也称器头，是使筒体密封的盖子，通过连接螺圈与筒体相互连接。筒盖上还装有二氧化碳贮气瓶、开启机构、提圈等部件。

3. 贮气瓶。是用来贮存液化二氧化碳、氮气的容器，是水型灭火器的动力源。贮气瓶属高压容器，采用无缝钢管经加热、旋压收口制成。贮气瓶一般采用膜片式密封，金属膜片依靠贮气瓶上的螺帽紧压在钢瓶的密封口上，同时密封膜片还是一个超压安全保护装置，当压力达到一定值时，密封膜会自动破裂，泄出气体，从而保证贮气瓶的安全。

4. 喷射系统。喷射系统是灭火剂从筒体向外喷射的通道，由虹吸管、喷嘴或喷枪组成。虹吸管由塑料制成，底部装有过滤网，上部装有水位标志。喷嘴一般制成圆柱状或圆锥形，喷出柱状水流，俗称直流喷嘴。根据需要也可制成喷雾喷嘴或开花喷嘴。

5. 开启机构。通常在筒盖上设有压把式开启机构，由穿刺钢针、限位弹簧、开启杆、保险栓等零件组成。穿刺钢针用来刺破贮气瓶上的密封膜片，限位弹簧是保证在平时使穿刺与密封膜片之间保持一定的间隙，以免碰坏而造成误喷射。开启杆是供使用者开启灭火器时用手按压的压把。

（二）推车式灭火器

推车式灭火器的构造与手提式灭火器的构造基本相同，如图 3-15 所示，其主要不同点在于安装了移动灭火器的手推架和车轮，配置了较长的喷射胶管和喷枪扳机，开启机构通常采用手轮式，在瓶头阀上安装安全帽等。

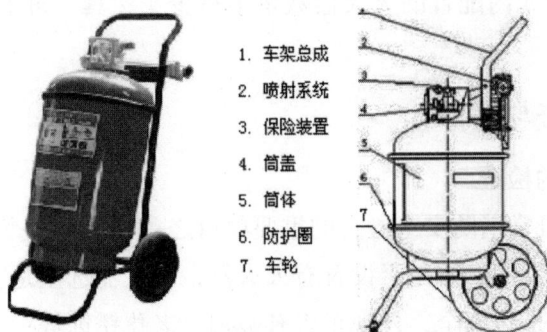

1. 车架总成
2. 喷射系统
3. 保险装置
4. 筒盖
5. 筒体
6. 防护圈
7. 车轮

图 3-15 推车式灭火器结构图

三、灭火器的设置

根据《建筑设计防火规范》（GB50016）等国家有关标准的规定，厂房、仓库、储罐（区）和堆场，以及高层住宅建筑的公共部位和公共建筑内均应配置灭火器。

（一）灭火器的选型

1. A 类火灾场所：应选择水基型灭火器、磷酸铵盐干粉灭火器、泡沫灭火器或洁净气体灭火器。

2. B 类火灾场所：应选择泡沫灭火器、碳酸氢钠干粉灭火器、磷酸铵盐干粉灭火器、二氧化碳灭火器、灭 B 类火灾的水型灭火器或洁净气体灭火器；极性溶剂的 B 类火灾场所应选择灭 B 类火灾的抗溶性灭火器。

3. C 类火灾场所：应选择磷酸铵盐干粉灭火器、碳酸氢钠干粉灭火器、二氧化碳灭火器或洁净气体灭火器。

4. D 类火灾场所：应选择扑灭金属火灾的专用灭火器。

5. E 类火灾场所：应选择磷酸铵盐干粉灭火器、碳酸氢钠干粉灭火器、洁净气体灭火器或二氧化碳灭火器，但不得选用装有金属喇叭喷筒的二氧化碳灭火器。

6. F 类火灾场所：应选择碳酸氢钠干粉灭火器、水基型（水雾、泡沫）灭火器。

（二）灭火器的设置要求

1. 灭火器应设置在位置明显和便于取用的地点，且不得影响安全疏散。

2. 对有视线障碍的灭火器设置点，应设置指示其位置的发光标志。

3. 灭火器的摆放应稳固，其铭牌应朝外。手提式灭火器宜设置在灭火器箱内或挂钩、托架上，其顶部离地面高度不应大于 1.5 米，底部离地面高度不宜小于 0.08 米。灭火器箱不得上锁。

4. 灭火器不应设置在潮湿或强腐蚀性的地点。当必须设置时，应有相应的保护措施。灭火器设置在室外时，也应有相应的保护措施。

5. 灭火器不得设置在超出其使用温度范围的地点。

6. 一个计算单元内配置的灭火器数量不得少于 2 具。每个设置点的灭火器数量不宜多于 5 具。

四、灭火器的检查与维护

（一）灭火器的检查

灭火器应作为日常消防安全检查的重要项目之一，重点检查以下项目：

1. 应设置灭火器的场所是否设置有灭火器，灭火器选型是否正确；

2. 灭火器组件是否齐全，外观是否有破损、老化锈蚀等；

3. 压力表指针是否在绿区（绿区为设计工作压力值）；

4. 灭火器维修保养周期和使用年限是否在有效期内。

（二）灭火器的维修

存在机械损伤、明显锈蚀、灭火剂泄漏、被开启使用过、压力不足或符合其他维修条件的灭火器应及时进行维修。灭火器的维修期限应符合表 3-2 的要求。

表 3-2 灭火器的维修期限

灭火器类型		维修期限
水基型灭火器	手提式水基型灭火器	出厂期满 3 年；首次维修以后每满 1 年
	推车式水基型灭火器	
干粉灭火器	手提式（贮压式）干粉灭火器	出厂期满 5 年；首次维修以后每满 2 年
	手提式（贮气瓶式）干粉灭火器	
	推车式（贮压式）干粉灭火器	
	推车式（贮气瓶式）干粉灭火器	
洁净气体灭火器	手提式洁净气体灭火器	
	推车式洁净气体灭火器	
二氧化碳灭火器	手提式二氧化碳灭火器	
	推车式二氧化碳灭火器	

（三）灭火器的报废

1. 当灭火器出厂时间达到或超过表 3-3 规定的报废期限时应报废。

表 3-3 灭火器的报废期限

灭火器类型		报废期限
水基型灭火器	手提式水基型灭火器	6 年
	推车式水基型灭火器	
干粉灭火器	手提式（贮压式）干粉灭火器	10 年
	手提式（贮气瓶式）干粉灭火器	
	推车式（贮压式）干粉灭火器	
	推车式（贮气瓶式）干粉灭火器	
洁净气体灭火器	手提式洁净气体灭火器	
	推车式洁净气体灭火器	
二氧化碳灭火器	手提式二氧化碳灭火器	12 年
	推车式二氧化碳灭火器	

2. 不到报废年限但有下列情况的也应及时报废。

（1）筒体严重锈蚀，锈蚀面积大于、等于筒体总面积的 1/3，表面有凹坑的；

（2）筒体明显变形，机械损伤严重的；

（3）器头存在裂纹、无泄压机构的；

（4）筒体为平底等结构不合理的；

（5）没有间歇喷射机构的手提式灭火器；

（6）没有生产厂名称和出厂年月，包括铭牌脱落，或虽有铭牌，但已看不清生产厂名称，或出厂年月钢印无法识别的；

（7）筒体有锡焊、铜焊或补缀等修补痕迹的；

（8）被火烧过的；

（9）不符合消防产品市场准入制度的。

第四节 消防安全标志

消防安全标志是由安全色、边框、图像为主要特征的图形符号或文字构成的标志，用以与消防有关的安全信息。本节所示为其中的一部分常见标志。

一、消防安全标志功能

消防安全标志的功能表现为两个方面：第一是提醒人们预防危险，从而避免事故发生；第二是当危险发生时，能够指示人们尽快逃离，或指示人们采取正确、有效、得力的措施，对危害加以遏制。消防安全标志不仅类型要与所警示的内容相吻合，而且设置位置要正确合理，否则就难以真正充分发挥其警示作用。

二、消防安全标志类型

（一）按照标志的含义分类

消防安全标志采用不同的图形形状、安全色及对比色、图形符号色表示不同的含义，分为禁止标志、警告标志、提示标志和标示标志四类。

1. 禁止标志

禁止标志是用符号或文字的描述来表示一种强制性的命令，以禁止某种行为。例如，禁止烟火、禁止吸烟、禁止堵塞等。禁止标志的几何图形是带斜杠的圆环，其中圆环与斜杠相连，用红色，图形符号用黑色，背景用白色。如图 3-16 所示。

图 3-16 禁止标志

2. 警告标志

警告标志是通过符号或文字来指示危险，表示必须小心行事，或用来描述危险属性。例如当心触电、当心爆炸等。警告标志的几何图形是黑色的正三角形、黑色符号和黄色背景，如图 3-17 所示。

当心易燃物　　当心氧化物　　当心爆炸物

图 3-17 警告标志

3. 提示标志

提示标志用于指明正常和紧急出口、火灾逃生和安全疏散方向等。例如，疏散通道、安全出口、疏散方向指示等。提示标志的几何图形是正方形，绿色背景，白色图形符号及文字，如图 3-18 所示。

图 3-18 提示标志

4. 标示标志

标示标志是指示消防设施和火灾报警所在的位置，并且在此处给出与安全措施相关的主要安全说明和建议。例如，消防警铃、火警电话、地下消火栓、地上消火栓、消防水带、灭火器等。标示标志的几何图形是正方形，红色背景，白色图形符号及文字，如图 3-19 所示。

手提式灭火器　　火警电话　　地上消火栓　　地下消火栓

图 3-19 标示标志

（二）按照消防安全标志的功能分类

按照消防安全标志的不同功能，《消防安全标志第1部分：标志》（GB13495.1—2015）将消防安全标志分为火灾报警装置标志、紧急疏散逃生标志、灭火设备标志、禁止和警告标志、方向辅助标志、文字辅助标志等6类，共有25个常见标志和2个方向辅助标志。

1. 火灾报警标志

火灾报警标示的名称、图形和功能如表3-4所示。

表3-4　火灾报警装置标志

序号	标志	名称	说明
1		消防按钮	标示火灾报警按钮和消防设备启动按钮的位置
2		发声警报器	标示发声警报器的位置
3		火警电话	标示火警电话的位置和号码
4		消防电话	标示火灾报警系统中消防电话及插孔的位置

2. 紧急疏散逃生标志

紧急疏散逃生标志名称、图形和功能如表 3-5 所示。

表 3-5　紧急疏散逃生标志

序号	标志	名称	说明
1		安全出口	提示通往安全场所的疏散出口根据到达出口的方向，可选用向左或向右的标志。
2		滑动开门	提示滑动门的位置及方位

表 3-5（续）

序号	标志	名称	说明
3		推开	提示门的推开方向
4		拉开	提示门的拉开方向
5		击碎板面	提示需击碎板面才能取到钥匙、工具，操作应急设备或开启紧急逃生出口
6		逃生梯	提示固定安装的逃生梯的位置

3. 灭火设备标志

灭火设备标志名称、图形和功能如表 3-6 所示。

表 3-6　灭火设备标志

序号	标志	名称	说明
1		手提式灭火器	提示手提式灭火器的位置
2		推车式灭火器	提示推车式灭火器的位置
3		消防软管卷盘	指示消防软管卷盘、消火栓箱、消防水带的位置
4		地下消火栓	指示地下消火栓的位置
5		地上消火栓	标示地上消火栓的位置

4. 禁止和警告标志

禁止和警告标志名称、图形和功能如表 3-7 所示。

表 3-7 禁止和警告标志

序号	标志	名称	说明
1		禁止吸烟	标示禁止吸烟
2		禁止烟火	表示禁止吸烟或各种形式的明火
3		禁止存放易燃物	表示禁止存放易燃物
4		禁止燃放鞭炮	表示禁止燃放鞭炮或焰火
5		禁止用水灭火	表示禁止用水作灭火剂或用水灭火

表 3-7（续）

序号	标志	名称	说明
6		禁止阻塞	表示禁止阻塞的指定区域（如疏散通道）
7		禁止锁闭	表示禁止锁闭的指定部位（如疏散通道和安全出口的门）
8		当心易燃物	警示来自易燃物的危险
9		当心氧化物	警示来自氧化物的危险
10		当心爆炸物	警示来自爆炸物的危险，在爆炸物附近或处置爆炸物时应当心

5. 方向辅助标志

方向辅助标志名称、图形和功能如表 3-8 所示。

表 3-8 方向辅助标志

序号	标志	名称	说明
1		疏散方向	指示安全出口的方向箭头的方向还可为上、下、左上、右上、右、右下等
2		火灾报警装置或灭火设备的方位	指示火灾报警装置或灭火设备的方位

三、设置与维护基本要求

（一）设置要求

1. 安全性。所有标志的安装位置都不可存在对人的危害，防止危害性事故的发生。设立于某一特定位置的安全标志应被牢固地安装，保证其自身不会产生掉落的危险；所有的标志本身均应具有坚实的结构。

2. 醒目可见。标志安装位置的选择很重要，标志上显示的信息不仅要正确，而且对所有的观察者要清晰易读。通常标志应安装于观察者水平视线稍高一点的位置，火灾疏散指示标志安装位置还要考虑烟气遮挡，选择恰当位置。当安全标志被置于墙壁或其他现存的结构上时，背景色应与标志上的主色形成对比色。

3. 预警性。安全标志应设置在与安全有关的明显地方，并保证人们有足够的时间注意其所表示的内容。特别是危险和警告标志应设置在危险源前方足够远处，以保证观察者在首次看到标志及注意到此危险时有充足的时间，这一距离随不同情况而变化。例如，警告不要接触开关或其他电气设备的标志，应设置在它们近旁，而空旷大空间或运输道路上的标志，应设置于危险区域前方足够远的位置，以保证在到达危险区之前就可观察到此种警告，从而有所准备。

4. 位置相对固定。安全标志不应设置于移动物体上，因为物体位置的任何变化都会造成对标志观察变得模糊不清。已安装好的标志不应被任意移动，除非位置的变化有益于标志的警示作用。

（二）维护与管理

1. 为了有效地发挥标志的作用，应对其定期检查，定期清洗，发现有变形、损坏、变色、图形符号脱落、亮度老化等现象存在时，应立即更换或修理，从而使之保持良好状况。安全管理部门应做好监督检查工作，发现问题，及时纠正。

2. 经常性地向工作人员宣传安全标志使用的规程，特别是对需要遵守预防措施的人员。当建议设立一个新标志或变更现存标志的位置时，应提前通告，并且解释其设置或变更的原因，从而使员工心中有数，只有综合考虑了这些问题，设置的安全标志才有可能有效地发挥安全警示的作用。

3. 对于所显示的信息已经无用的安全标志，应立即由设置处卸下，这对于警示特殊的临时性危险的标志尤其重要，否则会导致观察者对其他有用标志的忽视与干扰。

思考与讨论题：

1. 消防设施和器材按作用不同可分为哪些类别？具体的作用是什么？

2. 消防安全疏散设施包括哪些？具体功能是什么？

3. 防火卷帘的功能是什么？如何使用？

4. 灭火器标志为 MFCZ/ABC30 表示的是什么灭火器？充装的灭火剂可灭哪些类型的火灾？该灭火器可以配置在哪些场所？

5. 谈一谈所在教室或宿舍灭火器配置和管理过程中存在的问题以及应如何改正。

第四章 高等学校火灾预防

> 高校是人员密集场所，消防安全重点场所较多。本章主要介绍学生宿舍、实验室、食堂、图书馆、校内场馆和大型活动场所的火灾危险性、常见火灾隐患和火灾预防措施，认识其火灾危险性，了解常见火灾隐患的表现形式，掌握火灾预防方法，对于杜绝消防违法违规行为意义重大。

第一节 学生宿舍火灾预防

学生宿舍是学生集体生活的场所，是高校消防安全问题最为突出的重点和难点。有关统计表明，高校学生宿舍是火灾易发、多发的场所，一旦发生火灾，极易造成人员伤亡。

一、火灾危险性

（一）用电设备多，易发生电气火灾

高校学生宿舍用电频繁，除经常使用电脑学习外，充电器、饮水机、电视、电炉、电热毯、电吹风、"热得快"等电器产品使用较多，用电量大。有的学生甚至在统一断电后擅自私接电源，容易引发电气火灾事故。

（二）可燃物多，火灾发展迅速

随着生活水平的提高，学生生活、学习用品也不断增加，宿舍内除书籍、衣被外，还有床、桌椅、书架、储物柜等，使得可燃物在局部空间大量堆积。一旦发生火灾，会使火势发展迅速，增大逃生难度，容易造成人员伤亡。

（三）消防疏散通道少，烟气蔓延快

宿舍内居住人数众多，很多学校出于方便管理、防盗等原因，只开放一个安全出口，严重影响人员的疏散、逃生。高校建筑一般都是一类公共建筑，其特点是各建筑一般层层相同，上下相通。学生宿舍内可燃易燃物多，且皮鞋、皮箱、胶鞋等物质在燃烧时，不但会产生大量的浓烟、释放出一氧化碳等有毒气体，而且烟气蔓延速度快，会使着火区和消防通道能见度大大降低，非常不利于人员快速疏散。

二、常见火灾隐患

学生宿舍常见的火灾隐患主要有以下四个方面：

（一）吸烟

卧床吸烟、酒后吸烟是造成学生宿舍火灾的重要原因之一。有权威机构做过实

验，将未熄灭的烟头投入纸篓，5 分钟后纸篓开始剧烈燃烧，从纸篓中传出的火焰经过 2 到 3 秒便引燃了旁边的皮质沙发。实验者在起火房间 50 米外测量，温度已超过 300℃，15 分钟后整个模拟客厅里的物品全部烧毁。一些学生习惯于卧床吸烟，甚至酒后卧床吸烟，还随意乱丢未熄灭的烟头，这些行为极有可能引发火灾事故。

（二）使用明火

有些学生在宿舍停电后会使用蜡烛照明，或者使用蜡烛营造浪漫气氛，举行烛光晚宴；有些学生违规使用酒精灯做饭，用液体酒精吃火锅、烧烤食物等。稍有不慎，如蜡烛、酒精灯倾倒，人临时有事离开疏于照管，这些明火都有可能迅速引燃周围可燃物而引发火灾。有的学生点蚊香时靠近衣物、纸张、木地板等，这也是不可取的，因为蚊香与香烟类似，点燃后虽没有明火，但持续燃烧，温度足可以引燃纸张、衣物等可燃物。个别学生甚至在宿舍里或者楼道、厕所内焚烧纸张等杂物，如处理不当，也会引燃其他可燃物造成火灾。更有甚者，会在宿舍或楼道内、阳台上燃放烟花爆竹，引发火灾事故的概率更大。

（三）违规用电

1. 电器使用不当。主要包括：用纸张、布或其他可燃物遮挡灯具；手机长时间处于通电状态，并在充电时接听电话、玩游戏、看电影或者运行其他程序等，充电完毕后仍将充电器插在电源插座上；把通电的电源接线板放在床上或者其他易燃可燃物品上；在同一个插座上使用过多的大功率用电设备；违规使用"热得快"、电磁炉、电炉、电饭锅、微波炉等大功率电器，使用电吹风、电熨斗、电热取暖器、电热毯等电器设备后或不关掉开关、不拔掉插头，或距离可燃物过近，使用时间过长，不注意散热；停电后或离开宿舍时不切断电器设备使用的电源等。这些都容易引起火灾甚至爆炸事故。

2. 私拉乱接电线。学生宿舍内统一安装的电源插头、插座一般只能满足学生的基本需求。有些学生为了方便使用更多的电器，有时会私自接、拉电线，有的学生甚至私接宿舍公共区域的电源，带来很多安全隐患：一是在私拉电线的操作过程中，多数学生都是带电作业，如果操作不规范，容易造成触电，危及人身安全；二是电线和插头、插座多重连接容易导致接触不良，而且电线经常被拖来拖去，造容易成绝缘层损坏、接头松动，会产生电火花，加上这些私自接拉的电线插板大多数都被放在床上，很容易引燃床上物品，造成火灾；三是私拉乱接电线会改变原有线路设计与用途，接入过多，极易因线路超负荷而造成火灾。

（四）危险日用品保管、使用不当

一些常见的日用品如果保管、使用不当，也会引发灾害事故，如：使用灭蚊剂靠近火源。灭蚊剂是由易燃液体、气体和杀虫剂配置而成的，极易燃烧，其蒸气与空气可形成爆炸性混合物。江苏省消防救援总队连云港支队的消防员曾经做过一个实验：消防员打开电蚊拍，用螺丝刀在电蚊拍上轻轻碰触时，电蚊拍发出"啪啪"的声响，产生了电火花，当另一名消防员将灭蚊剂喷向电蚊拍时，电蚊拍顿时冒出了火花。因此，使用灭蚊剂、杀虫剂时应远离火源，也不可靠近电蚊拍等容易产生电火花的物品；使用摩丝、指甲油、发胶、花露水、香水、医用酒精、酒精饮品等要注意远离蚊香、蜡烛、烟头等火源，这些物品都是易燃物，一旦靠近火源，容易被引燃；将杀虫剂、打火机、罐装的空气清新剂等放在受到高温或太阳照射到的位置，这样极易引起爆燃。这些都给学生宿舍带来一定的火灾危险性。

（五）电动车停放、充电不规范

很多高校校区面积较大，有的还分布在不同地点。电动自行车、电动摩托车等以其经济、快速、便捷的特点，成为很多教职员工和学生在校区里的代步工具，在校园内的存放量也呈上升趋势。但是电动车在充电过程中容易因线路和电器元件局部过热而发生火灾，其组件有可燃有毒材料，起火后可迅速产生有毒高温烟气。电动车长时间充电或者使用不匹配的电动车充电器，都容易发生火灾事故。如果将电动车放在楼梯间、走道甚至把电动车推入室内充电，一旦发生火灾，火焰和浓烟会封堵建筑的安全出口、逃生通道，容易造成人员伤亡甚至群死群伤事故。

三、火灾预防措施

做好宿舍火灾预防工作，从根本上讲，应该从增强自身消防安全意识和消防法制观念、严格遵守学校的规章制度、提高消防安全能力和素质做起。具体来说，应该做到：

（一）不在宿舍内吸烟、使用明火

严禁在宿舍内吸烟，特别要杜绝酒后吸烟、卧床吸烟、乱扔烟头等危险行为。不在宿舍内使用蜡烛、酒精灯等明火，不焚纸张及其他杂物。

（二）安全使用电器设备

使用安全电器，通过正规渠道购买经过国家产品认证的合格的电源插座、台灯等电器产品。使用时要注意：不用纸张、布等遮挡灯具；将台灯放在桌上使用，并远离可燃物；遵守宿舍的安全管理规定，不违规使用电炉、电饭锅、电磁炉、微波炉、"热得快"等额定功率大于500W的大功率电器，以及电热毯、暖手宝等额定功率虽然小于500W但存在严重安全隐患的小电器。正确使用电吹风等可以使用的电器，注意远离纸张、棉布等易燃物品，使用后要拔掉插头，待其冷却后方可收起；不在同一个插座上使用过多的大功率用电设备；不用湿手插、拔电源插头，不用湿布擦拭带电的灯头、开关、插座和荧光屏；将手机充电器放在桌上充电，充完后拔离插座。

（三）严禁私拉乱接电线

宿舍内安装铺设电线是一项需要专业知识技能的工作，须持证上岗。如果宿舍电气线路出现问题应及时报修，切忌自行临时乱接电线，更不可私自接拉公共区域的电源。另外，电源接线板不应放在床上和其他可燃易燃物品上，电线不要与床架等金属物接触，不要从被褥底下穿过，以免发生危险。

（四）养成良好的用电习惯

一是发现电器有冒烟、冒火花、发出焦煳异味等情况，应立即关掉电源开关，停止使用；二是要避免在潮湿的环境如浴室内使用不防水的电器，更不能使电器淋湿、受潮；三是随时观察电器线路有无破损，收纳时注意保护线路，避免出现弯折死角等；四是离开宿舍时关闭所有电器电源，拔掉所有电源插头，关闭照明灯具，以有效预防因电器设备短路造成的火灾；五是杜绝超负荷用电，不要违规使用大功率电器，更不能在同一插座上同时使用多个大功率电器；六是按照规定给电动车安全充电，定期维护检查电动车，不同品牌的充电器不混合使用，不长时间给电动车充电，在专属的电动车充电处充电，不把电动车放在楼道充电，不把电动车停放在安全出口处。

（五）正确保管和使用日用危险品

不在宿舍内存放汽油、酒精、烟花爆竹等易燃易爆物品。点燃的蚊香应固定在专用的铁架上，放在瓷盘或金属器皿内，并远离窗帘、蚊帐、床单和衣物等可燃物。注意安全保管和使用灭蚊剂、摩丝、指甲油、发胶、花露水、香水、医用酒精、酒精饮品、杀虫剂、打火机、空气清新剂等危险日用品，储存时远离火源、避免靠近暖气以及被日光直射，使用时要避开燃着的蚊香、蜡烛、烟头等火源以及打开的电蚊拍等。

第二节　实验室火灾预防

　　高校实验室是师生进行学习、科研的重要场所。实验室用火用电多，使用和存储易燃易爆化学危险品多，实验过程复杂、危险。一些实验室还承担着国家重大科研项目，所使用的仪器、设备十分贵重、先进，存放的资料、档案也非常珍贵，一旦发生火灾事故，不但可能造成重大的经济损失，还会导致实验数据、成果的消失，影响科研工作的正常进行，有的甚至造成科研人员的伤亡，损失和影响不可估量。

一、火灾危险性

（一）可燃物、化学危险品多，实验本身具有火灾危险性

　　一些实验室可燃物、化学危险品多，其实验材料具有易燃易爆的特性。一些化学、化工类实验本身还具有火灾或爆炸危险性，实验过程产生的反应或物质可能引发泄漏、自燃、静电火花、爆炸燃烧等，从而引发燃烧爆炸事故，造成严重后果。

（二）实验设备、电气线路存在火灾风险

　　一些实验设备在高压高温的情况下运行，本身就存在一定的火灾风险。加之，随着高校教学、科研需求的不断加大，实验室购置的高端仪器设备逐年增加，用电负荷大量增加，而建筑本身电路承载力有限，往往会导致火灾事故的发生。

（三）建筑消防设施不能满足消防安全需求

　　有些高校实验室位于老式的教学楼中或者建设年代已久，电气线路老化，建筑消防设施无法满足消防安全的需求，对于火情不能迅速做出反应。

（四）雷击、静电

　　雷击和静电是高校实验室火灾不得不防的特殊"诱因"。雷击时，会有几十甚至上千安培的强大电流，一般可燃物遭遇雷击就会迅速起火。静电也是高校实验室的"大忌"，静电引起火灾或爆炸有四个条件：一是空间有爆炸混合物存在。二是有产生静电工艺条件和操作过程。三是静电积聚达到或超过相当程度，致使介质间的局部电场被击穿。四是静电放电火花能量达到爆炸混合物的最小点火能量。上述四个条件是静电引起火灾或爆炸的充分必要条件，个别实验室有可能达到上述四个条件而引发火灾。

二、常见火灾隐患

（一）危险化学品保管、存储和使用不当

　　目前，很多高校教学科研实验中涉及的危险化学品种类多、数量大，有的高校因为现有条件难以满足储存需求，导致储存不规范，甚至将危险化学品放在教学楼

内，将试剂库兼作实验室。还有一些实验室为节约经费，将只能低温储存的试剂用普通冰箱存放，而普通冰箱在启动过程中会产生电火花，如试剂泄漏并与周围空气混合达到一定浓度后，遇电火花会发生爆燃。一些实验室没有正确保管和规范使用易燃易爆危险化学品，很容易产生燃烧、爆炸风险。

（二）实验设备、设施操作不当

一般基础性实验室会使用带电设备和明火作业，并使用少量易燃易爆化学危险品。除此之外，还有许多专业性较强、危险性较大的实验室，使用带电设备、仪器仪表、危险化学品频次和数量种类较多，有的实验过程本身就存在爆炸等危险性，如果再有实验方案设计缺陷、实验过程操作不当等因素，就可能引发泄漏、自燃、静电火花、爆炸燃烧等，从而引发火灾爆炸事故，造成严重后果。如实验过程中未严格按照操作规程进行，简略其中的步骤；操作不当导致压力容器破裂；未能及时检修、更换在高温、高压及药品作用下发生腐蚀、磨损的实验设备及管道、阀门；安装仪器设备时乱拉乱接电线；用电设备操作不当等。

（三）初起火灾扑救不当

实验室里固体、液体、气体、电气以及金属火灾危险性并存，火灾类型不同，扑救的方法也不同。有些原本单一物质引发的初起火灾，如果使用了错误的灭火方法，会导致火势迅速蔓延，小火酿成大灾。有的实验室未能建立健全应急处置预案，一旦发生险情，往往不能正确处置。

三、火灾预防措施

（一）严格按照相关标准、规范设置实验室并配备相应消防器材

在实验楼的适当部位，应设置室内消火栓及消防水带、水枪。化学实验室应设在一层，实验室的排风扇应设在外墙靠地面处，风扇中心距地面不宜小于300毫米，风扇洞口靠室外的一面应设置挡风措施，室内一面应设防护罩。实验室的通风橱（毒气柜）宜采用不燃材料，橱内设备的电源插座、照明及煤气开关应设于橱外。在实验过程中有可能产生有毒或易燃易爆气体、粉尘的化学实验室，应在实验室墙面与地面、顶棚交汇处分别设置可靠的送、排风系统。实验室的电气设备和送、排风系统根据国家技术规范应达到防爆要求。在实验中用可燃气体作燃料时，其设备的安装和使用应符合安全要求。

（二）严格遵守实验室消防安全规章制度和实验操作规程

高校实验室应明确消防安全管理职责，建立消防安全管理制度，制定实验室操作规程和应急处置预案，并对进入实验室的师生进行安全培训，使其充分了解实验设备的安全性能、操作规程、危险性及可能出现的危险情况、应急处置方法等，严格遵守实验室的各项安全规章制度。

（三）实验过程中牢记安全注意事项

进入实验室，要谨慎、认真、细致，在实验过程中一丝不苟，以科学的态度和对自己和他人生命安全负责的精神，严格遵守实验规程和安全规则，做好以下每一条安全事项。

化学实验室应做到：

1. 强化对实验室内易燃化学品的管理。清楚所有贮存物品的火灾危险性类别，同时要了解哪些易燃化学品是要禁止共同贮存的物品，哪些是接触或混合后能引起燃烧的物质，然后根据其有关特性分别采取避光、通风、隔离、冷藏、限量、分散等管理措施，并设置相应的防火设备。

2. 使用电炉等电热设备时要放置在安全位置，并确定专人看管，严禁在其周围堆放可燃、易燃物品，做到人走电断。

3. 在实验中用可燃气体作燃料时，其设备的安装和使用应符合安全要求；在以油为燃料的实验室，要经常检查油路是否漏油，油管、油箱或油罐应设置的导除静电装置在实验过程中要有专人值守，对于危险性大的操作，应有可靠的灭火准备。

4. 使用易燃易爆化学危险品应按规定程序随用随领，不能在实验现场存放；零星备用的化学危险物品，应由专人负责，存放在铁柜中；实验结束后立即按规定清理，不得存放在实验室内。实验台上严禁摆放与本次实验无关的化学物品。

5. 实验时严格遵守各种化学实验的安全操作规程和化学物品保管使用规则，不随便乱动或者自行配置化学药品，不随便更改或省略操作步骤。

6. 实验室一般设置事故急救冲洗喷嘴，配置灭火器、石棉布和沙箱等消防器材，要留意这些设备的使用方法，学会使用实验室配备的灭火器材，做好灭初起火灾的准备，以防万一。

物理实验室应做到以下几点：

1. 禁止使用没有绝缘隔热底座的电热仪器；电炉应放在专人管理的确定位置，使用电烙铁后必须置于下方敷有石棉板的不燃支架上，周围不得放置易燃、可燃物品，使用完毕及时断电。

2. 有变压器、电感线圈的设备也必须设置在不燃的基座上，其散热孔不应覆盖，周围不得放置易燃可燃物品。

3. 实验时用电量不应超过额定的用电负荷。

4. 实验台上应设置固定电源插座，将各种电源直接配送至实验台，确保使用方便安全。实验演示台装设的各种电源，高压、稳压装置以及各种测试仪表与学生实验台之间的线路应穿管敷设，不得临时乱接乱拉电线。

5. 实验台上不应堆放与实验无关的物品，实验完毕及时清理。

6. 实验室的仪器设备应由专人负责管理，定期检修。

（四）实验结束后做好清理和检查工作

实验结束后，仔细检查实验过程中有无违反消防规章制度和操作规程情况，如有要立即采取补救措施；检查实验用明火是否熄灭，废旧材料是否按规定清理处置，剩余化学物品是否按规定入库或放进储存柜中，实验台上是否有残留试验物品；检查机器设备、设施是否停止运行，电器、照明设备、电源、门窗是否关闭，实验现场有无遗留火种等。

（五）切实抓好实验室的日常管理和动态管理

1. 严格实验室的出入管理，无关人员严禁进入实验现场，禁止非实验用的油漆、香蕉水、汽油等易燃易爆化学危险物品和火柴、打火机等火种进入实验室。在实验室内醒目处张贴"禁止烟火"标志，实验室内严禁吸烟。实验期间实验室工作人员不得擅自离开实验现场。

2. 实验室应加强安全用电管理，不得擅自改装电气设施，不得乱拉乱接电线或私自增加电气线路容量，实验室内不得有裸露的电线头。操作台和照明用的电气设备、导线、插头插座应经常检查，保持完好状态，防止电气线路和电气设备在开关断开、接触不良、短路、漏电时产生火花。如发现异常，应立即通知电工修理。严禁穿带钉鞋进入易燃易爆金属粉末和粉尘实验室，以免金属物体撞击水泥地面产生火花。电冰箱内禁止存放性质相互抵触的物品，普通的电冰箱不得存放易燃液体。要加强对实验室仪器及控制器的检查维修，防止电路保险丝或仪器控制器失灵，电器继续加热引起周围物品燃烧。

3. 严格按照实验室规定使用火源。实验室所用的各种气体钢瓶应远离火源，一般应放置在室外阴凉和空气流通的地方。如无重大原因，使用易燃液体、可燃气体或有易燃液体、可燃气体管道、器具的实验室，应开窗保持通风。可燃气体的排放口必须远离机械设备高温表面，同时应定期清除机械设备高温表面油污等，以防止其在实验室中受热分解而自燃。防止因可燃气体绝热压缩而着火形成点火源，导致自燃着火。

4. 有针对性地制定实验室突发事件应急处置预案，配备灭火器材，适时组织演练，同时将应急处置预案涉及的生物、化学及易燃易爆物品的种类、性质、数量、危险性和应对措施及处置药品的名称、产地和储备等内容报学校消防机构备案。

第三节　食堂火灾预防

食堂是高校人员最为集中的场所之一，其特点是用火用电用油用气量大，就餐人员和就餐时间相对集中。发生火灾后，人员疏散难度较大。有些高校食堂为提高利用率，有时会设置可活动的屏风、隔扇门等，往往增加了疏散难度。有些高校除了一般的学生食堂、教工食堂外，还有用于对外接待的迎宾楼、餐厅、咖啡厅、茶室等，装修豪华，可燃物多。因此，火灾预防工作极为重要。

一、火灾危险性

（一）烟道易吸入明火

灶台上方的烟罩、油烟管道油垢较多，若长期不清理，容易被明火引燃。操作人员一般会注意灶台上可燃物的清理而忽视上方油烟道的潜在危险隐患，明火容易被吸入烟道引燃油烟，这种火灾往往比较隐蔽，发现时，明火已布满烟道。

（二）用火、用气、用油频繁

为方便学生就餐，高校食堂和厨房通常连在一起，厨房内使用明火作业较多，使用的燃料通常为液化石油气、天然气、煤气、柴油，如果操作不当，或燃气管道、法兰接头、仪表阀门出现漏气，连接的胶管出现老化、脱落等，都有可能导致可燃气体、液体等燃料发生泄漏，遇明火便会起火爆炸。厨房使用明火较多，特别是在煎炸时需要大火，灶台火焰蹿出，一旦接触溢出的食用油，就会引起火灾。有的食堂会使用酒精作为各种火锅燃料等，操作不当也会引发火灾。

（三）大量存放、使用食用油

食堂厨房内大量使用、存放的食用油也是引发火灾的重要因素。食用油火灾在我国被列为一种特殊类型的火灾——F类火灾，食用油自燃温度一般为 $350 \sim 380℃$，在烹饪中稍不注意就会发生火灾。食用油火灾有其自身特点：其燃烧速度较其他可燃液体更快，2分钟后油面温度可达 $400℃$；食用油在温度超过 $350℃$ 后会发生化学反应，生成自燃温度为 $65℃$ 的可燃物；极易复燃，只有温度降低到 $33℃$ 以下时，食用油才不会发生复燃。

二、常见火灾隐患

（一）装饰、装修复杂

虽然高校的学生食堂、教工食堂一般较为开阔，装修相对简单，但是，有的高校会在食堂内设置餐厅、咖啡厅、茶室等功能性包间，有的建有对外接待用的迎宾楼、餐厅、咖啡厅、茶室等。为追求环境氛围，其内部有较多的装饰、装修及隔断等，还有装饰性灯具、供电线路复杂，也具有一定的火灾危险性。

（二）电气线路隐患大

高校食堂的使用空间一般比较紧凑，各种大型厨房设备种类繁多，用火用电设备比较集中，且厨房工作环境温度高、湿度大，容易造成用电设备的超负荷、短路以及设备故障，从而引发火灾。

（三）疏散通道堵塞

一些食堂为了增加就餐容量，在疏散通道处摆放餐桌餐椅，有的还将废弃闲置的桌椅用具堆放在疏散通道和安全出口处，影响应急疏散。

三、火灾预防措施

（一）建立健全消防安全制度

高校应建立完善的食堂消防安全制度和用火、用电、用油、用气操作规程，明确各岗位消防安全责任制，加强管理，定期进行检查、巡查，及时发现并消除安全隐患，纠正违规操作行为。

（二）加强对明火和油、气、电的日常管理

严禁在食堂内搁置液化石油气空瓶。定期检查易燃气体管道、阀门接头、仪表等，若发现漏气，首先关闭阀门并及时通风。尽量使用固体酒精，慎用或尽量不用液体酒精；如果使用液体酒精，严禁在火焰未熄灭前添加。使用炭火烧烤的食堂或餐厅，应在每个火源上方设置排烟设施，火源周围严禁采用可燃物装修或堆放可燃物，使用后应立即将其彻底熄灭，不得随意倾倒高温炭灰。至少每季度清洗一次厨房油烟道，避免烟道油烟、油垢累积过多，遇明火引发火灾。

（三）确保疏散通道畅通

食堂大厅及餐厅摆放的就餐桌椅不得堵塞消防通道，餐桌之间和餐桌与墙面之间要保持合理间距，以满足应急疏散要求：仅就餐者通行时，桌边到桌边的距离不应小于 1.35 米，桌边到内墙面的距离不应小于 0.9 米，有服务员通行时，则分别为不应小于 1.8 米和 1.35 米，如有小餐车通行时，桌边与桌边的净距离不应小于 2.1 米。要确保应急照明和疏散指示标志时刻处于完好状态。

（四）遵守食堂安全管理制度

就餐时要注意遵守食堂的各项安全管理制度，遵守就餐秩序。使用酒精、木炭等作为燃料的火锅、明炉等要按照安全规程操作，做好安全防护。不要乱扔烟头、火柴梗。庆贺生日点蜡烛时要防止引燃桌布、小毛巾等可燃物，离开餐厅时要注意熄灭蜡烛。

（五）学会疏散逃生

就餐时应留意疏散通道、安全出口的位置。如遇初起火灾，可以利用灭火器材或设施参与扑救；一旦无法控制火情，应在工作人员或消防广播的引导下有序疏散。

第四节　图书馆火灾预防

高校图书馆是校内重要的文化场所，也是学生课外的主要学习场所之一。做好高校图书馆消防安全工作，对于保存与传承文化遗产和文献资料、保护高校师生人身和财产安全，具有重要意义。

一、火灾危险性

（一）易燃物质大量堆积

图书馆内存放的图书、报刊、音像资料、光盘资料都是可燃物，由于数量多，存放时间长而陈旧、干燥，容易起火。而书架、书柜、箱等多为木制品，室内装饰又多为可燃材料，火灾危险性较大。

（二）建筑耐火等级低

一些图书馆为三级耐火等级建筑，耐火等级低，防火性能差，很容易发生火灾。有些图书馆是有着多年历史的老建筑，还有的用木质结构的古建筑作为书库。有些图书馆当初的防火设计已不能满足当下的消防安全需求，增加了火灾风险。

（三）用电设备多、线路负荷大

图书馆内除了为数众多的照明设备外，还大量使用计算机、复印机、空调等电气设备。数字图书馆的发展，使图书馆内使用电脑等电器设备越来越多，尤其是随着科技的快速发展，很多电子设备越来越多地被应用到高校图书馆，这些都使图书馆用电量大增，原有的线路超负荷使用，有可能引发电气火灾事故。

二、常见火灾隐患

（一）内部用火、用电不慎

图书馆内部使用大功率电器，如电开水器、电暖器、电脑等，如长时间使用或使用方法不当等，都容易引发火灾。图书馆内部检修、维修设备，使用电焊明火作业，如果防护措施不当，溅落的火花也极易引燃书刊等，从而引发火灾。

（二）意外点燃或违规引发火灾

图书馆每天接待大量师生，有时会有校外人员出入，往来人员复杂，部分读者消防安全意识薄弱，进入书库或阅览室时违规吸烟，当打火机的火焰、烟灰碰到书页容易意外点燃起火，或者乱扔烟头，烟头未被完全掐灭，或者遗留火种等，也极易引发火灾。

（三）门禁系统的设置使出入口狭小

现代图书馆为了加强管理，多在各场馆、阅览室入口处等设有门禁刷卡进馆系统。在加强了图书馆管理的同时，也使得图书馆的出入口变得狭小，不利于人员疏散逃生。

三、火灾预防措施

（一）建立健全消防安全制度

图书馆应实行逐级防火责任制和岗位防火责任制，规定各级各岗位人员消防安全职责，明确各级消防安全责任人和管理人。建立健全各项消防安全制度，主要包括：消防安全教育培训、防火巡查检查、消防设施器材维护管理、用火用电用气管理、消防演习、演练等各项规章制度，严格考评奖惩，推动消防安全管理措施的落实。

（二）明确消防安全重点部位

图书馆应当将各类型书库及人员密集的部位确定为消防安全重点部位，设置明显的消防安全标志标志，明确具体责任人。

（三）严格控制火源、电源

图书馆应加强对火源、电源的控制和管理，做好经常性防火检查和巡查，发现问题及时处理。严禁在馆内进行电焊等明火作业，确需动火焊接，须经有关部门批准，并应采取切实可行的防火措施。严禁将火种带入书库，不准在阅览室等处吸烟和点蚊香。不准乱接乱拉电线和随意增加用电设备、灯具。每天闭馆前，工作人员应认真进行检查，防止留下火种和未切断电源。

（四）加强易燃易爆化学危险品的管理

图书馆熏蒸杀虫的杀虫剂，都是易燃易爆的化学危险品，存在较大的火灾危险性。因此，使用时应经有关部门批准，在技术人员的具体指导下进行，并采取可靠的消防安全措施。

（五）保障疏散通道、安全出口的畅通

图书馆应保证疏散通道、安全出口的畅通，严禁封堵通道和安全出口，并设置符合国家规定的消防安全疏散指示标志和应急照明设施，保持防火门、防火卷帘、消防安全疏散指示标志、应急照明、火灾事故广播等处于完好状态。

（六）加强消防教育培训

图书馆应制定切实可行的灭火疏散应急预案，定期组织员工学习、熟悉和演练。要加强对员工的消防宣传教育和培训，使其具备发现和消除火灾隐患、开展宣传教育、扑救初起火灾、组织疏散等能力。加强对来馆阅读人员的消防安全宣传，教育他们遵守图书馆的安全管理规定，不违规抽烟、使用明火、携带火种，留意安全出口的位置，遇有火灾迅速、安全逃生。

第五节　场馆火灾预防

高校内的礼堂、报告厅、体育馆等，这些场馆建筑功能复杂，人员集中，疏散困难，一旦发生火灾就有可能造成巨大的财产损失和人员伤亡，并造成严重的社会影响。

一、火灾危险性

（一）建筑结构特殊，火灾发展迅猛

大型场馆建筑高、空间大，可燃物资较多，一旦发生火灾，燃烧猛烈，蔓延迅速；如果不能在火灾初起的 5 ～ 10 分钟内将火势控制住，就有可能达到发展阶段，以致形成大的灾害。

（二）烟气扩散迅速

由于这类建筑空间相对通透，防火分隔较少，火灾发生时，烟气往往会迅速蔓延至整个建筑，而火场中产生的有毒气体、高温烟气都会对人员造成伤害。

（三）建筑物易倒塌

多数场馆内部的舞台、观众厅、设备等处都是通过过道等相互连通的，发生火灾后，火势凭借良好的通风条件，会造成一处着火、多处燃烧的情况。而且大型场馆属于大跨度建筑，一般采用钢架结构，火灾中带有闷顶的钢屋架、木质屋面房盖、吊顶被烧穿后，20 ～ 30 分钟即可能塌落。

（四）人员密集，易造成人员伤亡

校园场馆通常为重要的公共建筑，在使用中往往聚集大量的人员，当火灾发生时，由于建筑本身空间较大，结构复杂，使人员疏散难度非常之大，极易造成人员群死群伤的现象。

二、常见火灾隐患

（一）装修、装饰使用可燃材料多、毒性大

场馆内有些装饰如舞台上的幕布、地板、道具、布景等均使用可燃材料。有些音乐厅为满足声学设计音响效果，天花板和墙面大多采用可燃材料，致灾因素大大增加，且燃烧后容易产生大量有毒气体。

（二）电气设备多、用电负荷增大

校园场馆大多功能完善，其内部的照明、灯光、音响、通信等电气设备使用较多，有时会临时加建电气线路，使用电负荷突然加大，易引发电缆发热、过载、短路从而造成电气火灾事故。

（三）可能影响场所原有的消防安全条件

场馆内举办大型活动时，如果参加活动人数超过了额定设计人数，其安全通道

和出口的疏散能力将难以满足室内人员的疏散要求；有些场馆内大型活动临时搭建的舞台、展位占用了安全通道和防火分区；有的遮挡了安全出口和消防设施等，都会影响室内原有的消防安全条件，造成较大的火灾隐患。

（四）火源难以控制，带来极大的火灾危险性

场馆内临时搭建舞台、展位时需要动火焊接；活动进行当中有的观众吸烟、乱扔烟头，使用明火、使用蜡烛摆造型以制造气氛；在文艺演出时，燃放焰火，使用易燃易爆危险品。这些都有引发火灾的可能，使火源管理和控制较为困难。

（五）火灾蔓延快，人员疏散困难

高校场馆建筑空间大，大量空气流通在场馆内，形成了绝佳的火灾蔓延条件。礼堂、影剧院等可燃材料多，一旦发生火灾，蔓延迅速；一些临时搭建的场所，人员高度聚集，疏散通道狭窄，出口不畅，发生火灾后疏散非常困难。即使能够控制初起火灾，也会因为人群惊慌失措，争相逃生，互相拥挤，引发踩踏等安全事故。

三、火灾预防措施

（一）要严格保证观众人数不超过额定座位数并严禁吸烟；严格控制使用明火和易燃易爆物品，包括氢气球。

（二）加强对电源的管理，定期检测电气设备，对破损、老化、绝缘不良的及时维修、更新；各类可移动的电气设备的电源线必须采用橡胶软线，灯头线采用耐高温线或套瓷管保护；配线节点应设金属接线盒，在体育馆等比赛厅，所有电气线路要一律采用钢管布线，并尽可能采用铜导线；母线电缆宜采用地沟造线，配电干线要采用槽管敷设。

（三）加强对场馆相关人员的培训，对设计、施工、管理人员进行相关法律法规、消防技术知识培训。

（四）对于场馆可能发生的火灾，应制定切实可行的疏散应急预案，并组织师生认真进行演练。要保证疏散通道的畅通，不得封锁安全出口。保证应急疏散、照明等装置的正常使用，确保在紧急状态下提供路线指示和照明。对现场工作人员加强培训，以便发生火灾等事故时，引导学生迅速撤离现场。

（五）进入场馆要自觉遵守场馆的消防安全制度，服从场馆工作人员的管理。留意场馆的安全疏散通道和安全出口的位置及疏散指示标志，一旦发生火灾，按照工作人员的引导，有序撤离。平时注意学习消防安全知识，学会逃生自救。

伴随着高校各类场馆的多元化发展，此类场所的消防安全要求越来越高。因此，高校场馆火灾突发事件的防范工作尤其重要，一旦发生火灾，无论是学校还是个人，都必须在最短的时间内做出正确应急响应，降低突发事件的影响与损失。

第六节 大型活动火灾预防

高校的室外大型活动主要包括大型会议、展览、文化、体育活动和大型集会等群众性活动。高校学生思想活跃,大型活动相对较多,这些活动都有规模大、临时性强、参与人数多、用火用电多的特点,因此具有一定的火灾危险性,做好活动的消防安全工作极为重要。

一、常见火灾危险性

(一)人员密集,容易造成人员伤亡

大型活动中通常会有大量人员聚集在同一空间内,一旦发生火灾,容易造成严重的人员伤亡。

(二)用火用电较多,有较大火灾风险

大型活动中通常会使用大量照明及各种演出设施设备,用电量大,布置舞台、展台时会动用明火焊接等;活动中有时会使用明火,观众还可能使用蜡烛等营造气氛,火灾风险大。

(三)有易燃易爆物品存在,极易发生火灾

大型活动有时会使用易燃易爆物品,如保管、使用不当,容易出现火灾、爆炸等危险情况,造成人员伤亡。

(四)缺少相应的疏散预案

因为大型活动只在一段时间内进行,举办者往往心存侥幸,很多活动缺少相应的疏散预案,致使发生火灾等危险事故后不能及时组织疏散,甚至因为人员拥堵,部分人员不知道事故的发生,使得疏散和救援工作不能及时、顺利进行,易造成严重后果。

二、常见火灾隐患

(一)临时接、拉电源

有些活动需要临时接、拉电源,往往在木地板或地毯下面直接敷设电源线,不做穿管保护。根据活动需要,电气线路有时会贯穿表演区和观众区,与人员、布景、可燃装饰物等交汇,由于电路铺设距离较长,临时保护踏步铺设不全,电线遭到碾压磕碰,容易发生漏电,引发火灾。

(二)使用焰火、礼炮等明火

为营造气氛,一些主办方会在室外大型活动现场燃放焰火、礼炮,如果未按安全标准购置合格产品、燃放人员不具备燃放资格、活动场所不满足安全燃放条件或

燃放现场与周围的可燃物缺乏足够的安全距离，都可能因燃放烟花、礼炮发生火灾事故。

（三）消防水源不足

一些大型活动现场缺乏消防水源，有的则因为市政供水管网压力不足，一旦发生火灾，难以迅速扑救，导致火势蔓延扩大，危及在场师生的安全。

三、火灾预防措施

（一）主办方

1. 严格执行学校对社团活动审批备案程序，举办大型活动前向学校消防机构或当地公安机关进行备案审批。对活动场所临时用火用电进行申报审批。

2. 举办活动前制定符合活动规模的应急预案并组织演练，活动中一旦发生火灾等突发事件，迅速按照预案疏散人员，抢险救援。

3. 确保疏散通道、安全出口、消防车通道畅通，确保应急广播、应急照明、疏散指示标志完好可用，确保活动场地内消防设施、器材配置齐全、完好有效。活动布展不堵塞安全出口、占用安全疏散通道、遮挡安全设施指示标志，不影响消防设施的使用。

4. 设计、制作、搭台、布展等严格按照国家规范要求，使用不燃材料，使用符合标准的电气线路、设备、灯光等产品；在现场作业时，严格执行动火审批制度，不乱拉乱接临时电气线路和设备；活动举办过程中，派专人看护值守；燃放焰火时，使用合格的烟花等产品并按规定储存、运输和燃放。

5. 不在展台堆放大量可燃物品；不在灯光装置区域悬挂旗帜、发射彩带、放飞气球等，避免与高温灯具接触发生火灾；及时清理活动现场的易燃可燃物；结束前对现场进行安全检查，关闭电源后方可离开。

6. 根据大型活动规模，配置符合要求的保卫力量维持秩序或引导疏散。

7. 社团成员应接受相关培训，具备一定的消防安全常识及自救互救技能。一旦发生险情，能够进行初步处置及组织人员疏散。

（二）参加者

1. 遵守大型群众性活动场所消防安全管理制度，自觉接受活动安全检查，不携带爆炸性、易燃性、放射性、毒害性、腐蚀性等危险物品进入活动场所，不吸烟，不点蜡烛，不使用明火。

2. 学习防火、灭火和安全逃生知识，掌握消防安全常识和基本技能。

3. 留意活动场所的安全疏散通道和安全出口的位置及疏散指示标志的方向，服从现场工作人员的管理；如出现突发情况，科学逃生自救，同时保证自身安全的情况下，帮助他人疏散逃生。

四、大型活动安全疏散

（一）科学制定应急疏散预案

主办方要根据活动性质、特点、具体流程、参加人数、人员特点、场地面积及周边环境等实际情况，科学制定应急疏散预案。要建立大型活动突发事件应急疏散组织机构，明确应急疏散流程，指定重点区域负责人和疏散引导员，组织开展模拟演练。

（二）强化消防安全教育培训

要对活动组织者进行全员消防安全教育，对主要负责人、各区域消防安全负责人、疏散引导员及义务消防组织人员和消防志愿者进行针对性培训，使其熟练了解、掌握应急疏散流程和引导疏散的基本方法、路线。

（三）确保消防设施完整好用

活动期间，要对疏散通道、安全出口、应急照明和疏散指示标志等设施进行不间断巡查检查，对有可能因观众拥挤导致占用疏散通道的要划定警戒线，重点区域指定专人现场值守。

（四）宣传普及消防安全常识

活动开始前和举行期间，要通过主持人互动、图文提示等形式提示警示现场观众注意消防安全，留意活动场所的安全疏散通道和安全出口的位置及疏散指示标志的方向，服从现场工作人员的管理，如出现突发情况，保持清醒的头脑，按照工作人员的引导，有序撤离。

现场观众要有安全意识，服从管理，遵守秩序。一旦发生险情，从最近的安全出口迅速、有序疏散逃生。

思考与讨论题：

1. 学生宿舍有哪些火灾危险性？最突出的火灾隐患是什么？

2. 食堂厨房内大量使用、存放食用油也是引发火灾的重要因素，为什么？

3. 进入实验室应注意哪些安全事项？

4. 谈一谈本校大型场馆常见的火灾隐患有哪些。

5. 学生社团组织一场大型活动，应采取哪些消防措施？

第五章　初起火灾处置

　　天早、天小、天初起，是扑救火灾的成功经验之一。"懂得火灾危险性及预防措施，会报警、会逃生、会扑救初起火灾"，是大学生参与消防工作的基本要求。本章主要介绍了发现火灾如何报警、灭火的基本原理与方法、初起火灾扑救的方法，以及常用灭火器材的使用方法和注意事项。

第一节　火灾报警

　　火灾发生的初起阶段，其燃烧面积不大，烟气流动速度缓慢，火焰辐射热量少，通常动用较少的人力和物力，采取正确的扑救方法，就能在灾难形成之前迅速将火扑灭，从而减少财产损失，杜绝人员伤亡。因此，一旦发生火灾，及时报告火警，对尽快组织人员疏散和采取有效措施扑灭初起火灾意义重大。

一、报警的原则

　　很多重特大火灾事故调查后发现，报警晚是导致火灾蔓延、损失扩大甚至人员伤亡的重要原因之一。因此，《中华人民共和国消防法》明确规定任何人发现火灾，应立即报警，"报警早，损失小"。及时报警，是起火后的首要行动，也是保障尽快组织扑灭火灾的关键之举。

二、报警的对象和途径

（一）拨打"119"电话向消防队报告火警

　　我国的专用火警电话号码是"119"，发现火情应快速拨打"119"火警电话向消防队报警，以便消防队出动专业救援力量灭火。报警之后，应派人到路口接应消防车进入火灾现场。没有电话且离消防队较近时，可快速赶到消防队报警。

（二）使用火灾报警装置向起火单位和人员发出警报

　　常见的火灾报警装置是手动报警按钮，其作用是确认火情和人工发出火警信号。如图 5-1 所示。目前，大部分公共建筑在安全疏散通道附近都安装了手动火灾报警按钮，有的还配备了消防报警电话。在这种场所发现火灾，可以用手动方式发出火灾报警信号，提请单位尽快组织人员施救和引导疏散。使用方法是将报警按钮按下，启动火灾自动报警系统的声光警报装置，从而在建筑物内发出火警警报，报警信号和报警位置同时传送至消防控制中心。使用可复位报警按钮时，推入报警按钮的玻璃触发报警，火警解除后可用专用工具进行复位；使用玻璃破碎报警按钮时，击碎玻璃触发报警。

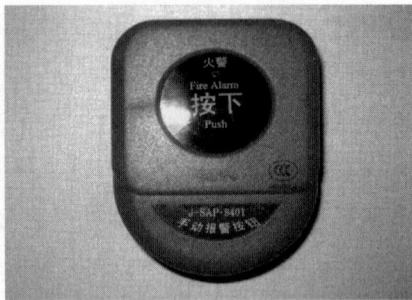

图 5-1 手动报警按钮

（三）高声呼喊向周围的人员报警

通过呼喊、敲击发声物等向周围人群发出警报。如果火情发生在学校的宿舍、教学楼、实验楼等校内人员密集场所，将直接威胁师生的生命安全，此时，发现火情，应立即向大家发出警报，以便让师生们尽快疏散逃生。向他们报告火警时，可以高声呼喊："着火了，赶快疏散呀！"

三、报告火警的内容

在拨打"119"火警电话向消防队报火警时，应讲清以下内容：

（一）发生火灾单位或个人的详细地址

包括街道名称，门牌号码，靠近何处；农村发生火灾要讲明县、乡（镇）、村庄名称；大型企业要讲明分厂、车间或部门；学校要讲明具体区域，高层建筑要讲明第几层楼等。总之，地址要讲得明确、具体。

（二）起火物

尽量能够告知起火物质和场所，如房屋、宿舍、商店、油库、加油站、露天堆场等；房屋着火最好讲明是什么类型的建筑，如棚屋、场馆或是高层建筑等；如果能确认起火物质，应一并说清，如液化石油气、汽油、化学试剂、棉花、麦秸等，以便消防部门根据情况调派消防力量和专用的灭火装备。

（三）火势情况

火势情况是指火灾发展和蔓延及危害波及的程度。描述词可以是只见冒烟，有火光，火势猛烈，有多少间房屋着火、是否有人员被困、有无爆炸和毒气泄漏等。

（四）报警人基本情况

主要包括姓名、性别、年龄、单位、联系电话号码等，以便消防部门电话联系，了解火场情况。

第二节 灭火的基本原理与方法

一切灭火方法都是破坏已经形成的燃烧条件或抑制燃烧反应中的游离基，以熄灭或阻止物质的燃烧，最大限度地减少火灾危害。灭火基本方法主要有冷却法、窒息法、隔离法和化学抑制法。火灾初起时，应根据燃烧物质的性质、燃烧特点和火场的具体情况以及所具备的灭火工具和器材的客观条件，选择恰当、快速的灭火措施，以迅速有效地扑灭火灾为根本目的。

一、隔离法

（一）基本原理

在燃烧要素中，可燃物是燃烧的主要因素。将可燃物与氧气、火焰隔离，就可以终止燃烧、扑灭火灾。隔离法是指将正在燃烧的物质和未燃烧物质隔离，中断可燃物质的供给，使火势不能蔓延，从而限制燃烧的范围扩大，在有限的范围内集中力量将已发生的火灾消灭掉或是在已燃材料燃烧殆尽后自行熄灭的灭火方法。

（二）具体措施

1. 将起火点附近可能成为火势蔓延的可燃物移走，如拆除与火源毗邻处的建筑、设备等，形成阻止火势蔓延的空间地带等；

2. 关闭有关阀门，切断可燃物的来源，如关闭可燃气体、液体管路的阀门；

3. 将已经燃烧的容器或受到火势威胁的容器中的可燃物料通过管道导至安全地点；

4. 采用泥土、黄沙筑堤等方法，堵截流散燃烧液体或阻止流淌的可燃液体流向起火点。

二、冷却法

（一）基本原理

冷却灭火的原理是降低燃烧物的温度，使温度降到物质的燃点以下的灭火方法。冷却灭火常用的灭火剂是水和二氧化碳。水遇热蒸发带走热量，水在可燃物表面流动，对流传热带走热量，从而降低火场和可燃物温度；固态的二氧化碳在迅速气化时吸收大量的热，能很快降低燃烧区的温度，使燃烧终止。

（二）具体措施

1. 用水喷洒着火物灭火；

2. 不间断地向着火物附近的未燃烧物喷水降温；

3. 使用清水、泡沫和二氧化碳等灭火器喷射可燃物灭火。

三、窒息法

（一）基本原理

可燃物的燃烧是氧化作用，需要在最低氧浓度以上才能进行，低于最低氧浓度，燃烧不能进行，火灾即被扑灭。一般氧浓度低于 15% 时，就不能维持燃烧。窒息法是消除燃烧条件中的助燃物，如空气、氧气或其他氧化剂，使可燃物无法获得充足的氧化剂助燃而停止燃烧的灭火方法。主要采取两种方式：一是阻止助燃物进入燃烧区，二是用惰性介质和阻燃性物质稀释助燃剂，使燃烧得不到足够的氧化剂而熄灭。此外，水喷雾灭火系统工作时，喷出的水滴吸收热气流热量而转化成蒸汽，当空气中水蒸气浓度达到 35% 时，燃烧即停止，这也是窒息灭火的应用。

（二）具体措施

1. 使用灭火器向燃烧物上喷氮气、二氧化碳稀释氧气浓度，喷射泡沫覆盖燃烧物表面使其与空气隔绝；

2. 开启气体灭火系统，向着火的空间灌入惰性气体、水蒸气等；

3. 封闭已着火的房间或建筑物等；

4. 利用容器、设备的顶盖覆盖燃烧区，如油锅着火时可立即盖上锅盖；

5. 将毯子、棉被、麻袋等浸湿后覆盖在燃烧物表面；

6. 用沙、土覆盖燃烧物。

四、化学抑制法

（一）基本原理

由于燃烧反应是通过链式反应进行的，化学抑制灭火的原理是中断燃烧链式反应，即使用灭火剂参与燃烧链式反应，使燃烧过程中产生的游离基浓度降低或快速消失，形成稳定分子，进而使燃烧反应停止。

（二）具体措施

常用方法就是往着火物上直接喷射七氟丙烷气体灭火剂、干粉灭火剂等，覆盖火焰，中断燃烧链式反应。

卤代烷灭火剂具有灭火速度快、灭火效率高、灭火后不留痕迹（水渍）、绝缘性好、便于贮存等特点，大多在一些特定场所使用。但由于其具有一定毒性，不符合环保要求，已逐渐被其他灭火剂取代。

化学抑制灭火速度快，使用得当可有效扑灭初期火灾，减少人员伤亡和财产损失。该方法对于扑救有焰燃烧火灾效果较好。

第三节 常用灭火器材的操作使用

按照防消结合的工作方针，在建筑物和具有火灾危险的场所通常配备小型的灭火器材和设施，以备火灾时能够快速获取和使用。平时掌握了这些器材正确的操作和使用方法，对火灾时能够迅速实施灭火具有重要作用。

一、灭火器的操作使用

灭火器是最为常见的灭火器材之一。灭火器具有结构简单、轻便灵活、操作方法简单易学等优点。发生火灾时，在消防队到达火场之前且固定灭火系统尚未启动之际，火灾现场人员可使用灭火器，及时有效地扑灭初起火灾，防止火灾蔓延形成大火，降低财产损失。

（一）手提式灭火器操作使用

常见的手提式灭火器有清水灭火器、泡沫灭火器、干粉灭火器、二氧化碳灭火器以及洁净气体灭火器，各类型手提式灭火器的使用方法基本相同，以手提式干粉灭火器为例，其操作示意图如图5-2所示。右手握住灭火器压把，左手托住灭火器底部，从灭火器架或灭火器箱中取出灭火器，然后右手提灭火器赶至起火现场；在距离起火点 3 ~ 5 米左右处，拔下保险栓，左手握住喷嘴，对准火焰根部，右手用力按下压把，将干粉射流射向燃烧区灭火，灭火器操作细节可概括为4字口诀"持、拔、握、压"。

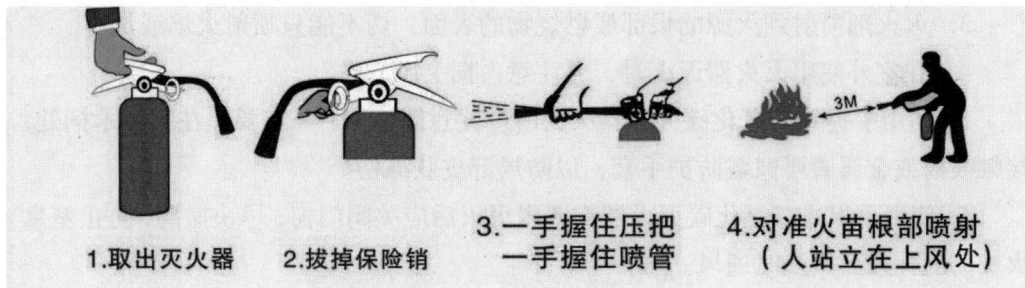

1.取出灭火器　2.拔掉保险销　3.一手握住压把 一手握住喷管　4.对准火苗根部喷射（人站立在上风处）

图 5-2 手提式干粉灭火器操作示意图

（二）推车式灭火器操作使用

常见的推车式灭火器有干粉灭火器、泡沫灭火器、洁净气体灭火器。以干粉灭火器为例，其操作示意图如图5-3所示。推车式干粉灭火器一般由两人操作。使用时应将灭火器迅速拉到或推到距着火处 5 ~ 8 米处，一人将灭火器放稳，然后拔出保险销，迅速旋转手轮或按下阀门到最大开度位置打开钢瓶；另一人取下喷枪，展开喷射软管，然后一只手握住喷枪枪管，将喷嘴对准火焰根部，另一只手钩动扳机，喷出灭火剂灭火；喷射时要沿火焰根部喷扫推进，直至把火扑灭；灭火后，放松手握开关压把，开关即自行关闭，喷射停止，同时关闭钢瓶上的启闭阀。

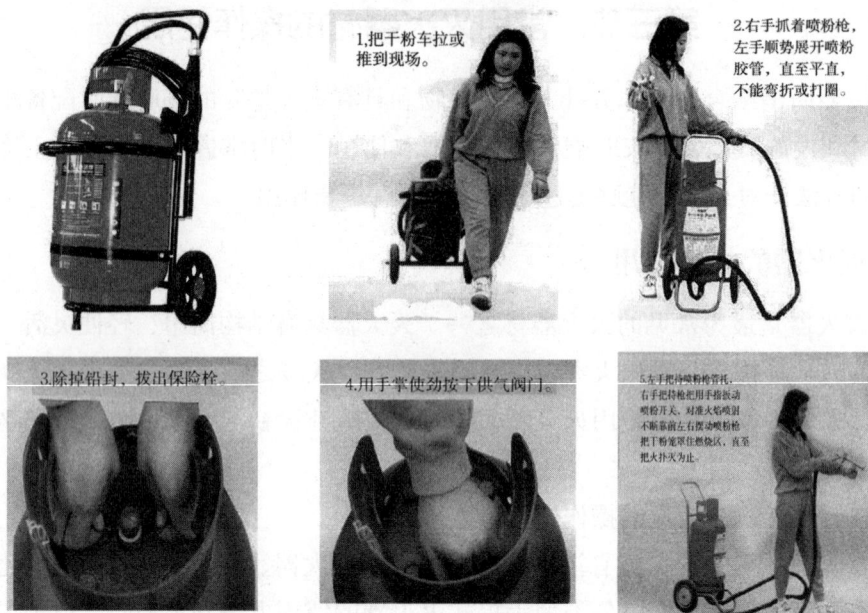

图 5-3 推车式干粉灭火器操作示意图

（三）使用注意事项

1. 应根据火灾的种类正确有效地利用附近的灭火器进行灭火。

2. 在喷射的过程中，手提式灭火器应始终与地面保持大致的垂直状态，切勿颠倒或横卧，否则，会使加压气体泄出而灭火剂不能喷射。

3. 灭火剂喷射到火源的根部或燃烧物的表面，切不能只喷射火焰或烟雾。

4. 在室外使用灭火器灭火时，要注意占据上风方向。

5. 使用手提式二氧化碳灭火器灭火时应注意防冻。手一定要握在喷筒木柄处，接触喷筒或金属管要佩戴防护手套，以防局部皮肤冻伤。

6. 使用手提式二氧化碳灭火器在室内灭火后应关闭门窗，尽快撤离，防止窒息。火被彻底扑灭后应及时通风。

二、消火栓的操作使用

室内消火栓是在建筑物内部使用的一种固定灭火供水设备，是按照国家标准生产的成套定形产品，主要放置在消火栓箱内，设置有水箱、水带、接口，供灭火人员使用。

（一）操作使用方法

消火栓的操作使用方法如图 5-4 所示。发生火灾时，应迅速打开消火栓箱门，按下箱内火灾报警按钮，由其向消防控制室发出火灾报警信号；然后，取出水枪，拉出水带，同时把水带接口一端与消火栓接口连接，另一端与水枪连接，展（甩）开水带；按下远距离启动消防水泵按钮或报警按钮，发出启动消防水泵请求；把室内消火栓手轮顺开启方向旋开，同时紧握水枪，通过水枪产生的射流向着火点喷射实施灭火。灭火完毕后，关闭室内消火栓及所有阀门，将水带置于阴凉干燥处晾干后，按原水带安置方式置于消火栓箱内。

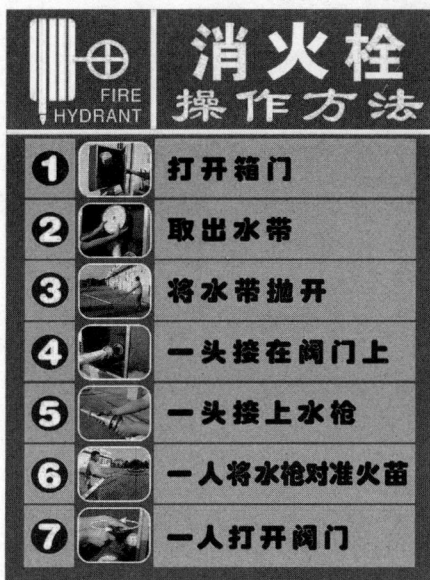

图 5-4 消火栓的操作使用方法

（二）使用注意事项

1. 操作消火栓灭火一般需要 3 人，2 人握水枪，1 人开阀。
2. 水枪对准着火点，勿对人，防止高压水伤人。
3. 防止水枪与水带，水带与阀门脱开，造成高压水伤人。
4. 使用消火栓应先检查是否断电，断电后方可进行施救。

三、消防软管卷盘的操作使用

消防软管卷盘是由阀门、输入管路、轮辐、支承架、摇臂、软管及喷枪等部件组成，以水作灭火剂，能在迅速展开软管的过程中喷射灭火剂的灭火器具，如图 5-5 所示。消防软管卷盘又称消防水喉，一般安装在室内消火栓箱内，它可供商场、宾馆、仓库以及公共建筑内的服务人员、工作人员和其他人员进行初起火灾扑救。

（一）操作使用方法

使用消防软管卷盘时，首先打开箱门将卷盘旋出，拉出胶管和小口径水枪，开启供水闸阀即可进行灭火。使用完毕后，先关闭供水闸阀，待胶管排除积水后卷回卷盘，将卷盘转回消火栓箱。

图 5-5 消防软管卷盘

（二）使用注意事项

1. 消防软管卷盘可 1～2 人操作，一个人拿出水管，另一个人等着打开水阀放水，进行灭火。

2. 消防软管卷盘除绕自身旋转外，还能随箱门旋转，比较灵活，不需将胶管全部拉出即能开启阀门供水。

四、灭火毯的操作使用

灭火毯又称消防被、灭火被、防火毯、消防毯、阻燃毯、逃生毯等，是由玻璃纤维等材料经过特殊处理编织而成的织物，能起到隔离热源及火焰的作用，可用于扑灭油锅火或者披覆在身上逃生，如图 5-6 所示。灭火毯具有没有失效期、使用后不会产生二次污染、耐高温、便于携带、配置简单等优点，被人们广泛应用。灭火毯可适用于家庭、宾馆、医院、饭店、办公写字楼、计算机房等，用于扑灭各种灶具、油锅及其他小型初起火灾。

图 5-6 灭火毯

（一）操作使用方法

不同的情形下，灭火毯使用方法也稍有差别。

1. 灭室内小火。当室内发生火灾时，快速拿出灭火毯，双手握住两根黑色的拉带将灭火毯从包装袋中拉出；将灭火毯抖开，作盾牌状拿在手中；将灭火毯轻轻地覆盖在火焰上；持续一段时间后，直到着火物体完全熄灭。等到灭火毯冷却之后，将毯子裹成一团，作为不可燃垃圾处理，如图5-7所示。

2. 人身着火。将毯子抖开，完全包裹于着火人身上扑灭火焰，并且迅速拨打急救电话。

3. 火场逃生。将灭火毯披裹在身上并戴上防烟面罩，迅速脱离火场，灭火毯可以隔绝火焰、抵御火场高温。

把灭火毯从包装中拉出来　　　展开灭火毯　　　将灭火毯完全覆盖在火源上，直至熄灭

图5-7 灭火毯灭火操作示意图

（二）使用注意事项

1. 灭火毯最好放在家中比较显眼的地方。一旦发生火灾，可以用最快的速度拿到灭火毯。

2. 使用灭火毯时要注意将灭火毯完全覆盖在着火物上，静置5～10分钟，待火完全熄灭后，再移走灭火毯，以免发生复燃。

3. 使用灭火毯后，要及时用水清洗双手等与灭火毯接触的身体部位，以免引起瘙痒等不适症状。

现实生活中，除了上述专业灭火器材，我们身边也有许多随手可取能用于灭火的工具和器材，也可以达到灭火的效果。比如：用湿的毛巾、抹布等，直接盖住火苗将火熄灭；当发生汽油、柴油泄漏流淌的火灾，用砂土覆盖灭火；油锅起火，迅速盖上锅盖也可使火熄灭。

第四节　常见初起火灾的扑救

火灾初起阶段通常燃烧范围不大，火灾仅限于初始起火点附近，温度不太高，且火灾发展速度慢，火势不稳定。成年人只要沉着冷静，正确使用灭火器材，就能抓住有利时机，快速扑灭，防止小火酿成大灾。

一、一般固体物品火灾

固体火灾是校园火灾中最常见的火灾形式，例如宿舍可燃织物火灾、图书馆图书火灾等。对于非易燃易爆的一般固体火灾，可以使用的灭火器材有：清水灭火器、干粉灭火器、二氧化碳灭火器、消火栓及简易的灭火器材。盛装水的水桶、水壶、水盆也可以作为简易灭火器材使用。但注意不是所有的固体火灾都可以用水来扑救，比水轻而不溶于水的可熔固体、遇水会发生燃烧或者爆炸的危险物质、未断电的电气火灾等都不能用水灭火。

二、可燃液体火灾

扑救可燃液体火灾时可以选用泡沫和干粉灭火器。若可燃液体呈流淌状燃烧，喷射的灭火剂应由远而近地覆盖在燃烧液体上；若可燃液体在容器中燃烧，应将灭火剂喷射在容器的内壁上，使其沿壁淌入可燃液体表面加以覆盖。应避免将灭火剂直接喷射在可燃液体表面上，以防止射流的冲击力将可燃液体冲出容器而扩大燃烧范围。

三、可燃气体火灾

（一）可燃气体泄漏处置

当有可燃气体从灶具或管道、设备泄漏时，应立即关闭角阀或开关、切断气源，熄灭所有火源，同时打开门窗通风，而后应撤离厨房。在管道、设备损坏不能制止漏气的情况下，应打开门窗通风，撤离厨房后打电话报警并通知供气部门前来处置。在供气部门人员来到现场之前，应将厨房周围划为警戒区，同时消除一切可能出现的火源，制止其他人员进入危险区。

（二）可燃气体燃烧处置

灶具有轻微的漏气着火现象时，不必惊慌，可用干粉灭火器灭火，或用湿抹布捂住火点熄灭火苗，而后应立即断开气源。如不能关闭气源，则要请供气部门专业人员到场检查修理制止泄漏。

四、电气设备火灾

如果允许断电，应当优先采用断电灭火措施；在不允许断电的条件下，应当慎重地采用带电灭火措施。

（一）断电技术

在建筑物内，戴上干燥的绝缘手套断开闸刀开关或空气开关关闭电源。动力设备断电时，先用电动机的控制开关切断各个电动机的电源，然后用总开关切断配电盘的总电源，以防产生强烈电弧，烧坏设备和烧伤操作人员。剪断380福特／220福特低压线路，需戴绝缘手套，用绝缘断电剪将电线逐根切断。

（二）断电灭火

一般低压线路和电器一旦起火，应立即断电或关闭电源，利用二氧化碳、干粉灭火器进行灭火。在断电的情况下，也可用水扑灭电气线路火灾。

1. 发动机和电动机等电气设备都属于旋转类设备，这类设备的特点是绝缘材料比较少，而且有比较紧固的外壳，可采用二氧化碳灭火器扑救。大型旋转电机燃烧猛烈时，可用水蒸气和喷雾水扑救。切忌用砂土扑救，以防止硬性杂质落入电机内，使电机的绝缘和轴承等受到损坏而造成严重后果。

2. 变压器、油断路器等充油电气设备发生火灾时，切断电源后的扑救方法与扑救可燃液体火灾相同。油箱没有破损的火灾，可用干粉、二氧化碳等灭火剂进行扑救。油箱破裂起火，大量油品流出燃烧，火势凶猛时，切断电源后可用泡沫灭火器扑救。流散的油火，也可用砂土压埋。

3. 电缆发生燃烧，燃烧的物质是绝缘纸、塑料、沥青、橡胶、绝缘油、棉麻编织物等，切断电源后，灭火方法与扑救一般可燃物质火灾相同。应注意，电缆、电容器切断电源后，仍可能有较高的残留电压，应采取放电措施后再灭火。

4. 大型变配电设备的瓷质绝缘套管，在高温状态遇急冷或冷却不均匀时，容易爆裂而损坏设备，有绝缘油的套管爆裂后会造成绝缘油流散，为防止火势进一步扩大蔓延，断电后应采用喷雾水灭火，并注意均匀冷却设备。

五、活泼金属火灾

常见的化学性质相对较活泼的金属有钠、锂、镁、铝等。金属火灾不同一般固体物质火灾，可用水冷却灭火。理论上金属火灾应该选择7150等专用灭火剂扑灭，但此类灭火剂极不常见，因而绝大多数生产使用轻金属的化工单位只是配备了一定数量的砂土或石粉，以备急用。覆盖砂土时须选用干砂土，且应轻轻倾倒，逐步推进，切不可猛烈倾倒或远距离抛洒，要准备充足的砂土将高温燃烧的轻金属火灾完全扑灭，防止复燃。严禁使用水、二氧化碳、泡沫等灭火剂进行扑救，也不能用以二氧化碳为动力源的干粉灭火器。

六、人身起火

发生人身着火时，一般应采取就地打滚的方法，用身体将火压灭。衣服局部着火，可采取脱衣或局部裹压的方法灭火。如果身上火势较大，来不及脱衣，旁边又无人帮助灭火时，则应尽快跳入附近的池塘、水池、小河中。此时，受害人应保持清醒头脑，切不可跑动，否则，风助火势，会造成更为严重的损伤。

易燃、可燃液体大面积泄漏或喷散引起人身着火，往往发生突然，燃烧面积大，受害人不能进行自救。此时，在场人员应迅速采取措施灭火，可将受害人拖离现场，用湿衣服、毛毡等物品压盖灭火；或使用灭火器压制火势。使用灭火器灭人身火灾时，应特别注意不能将干粉、二氧化碳等灭火剂直接对受害人面部喷射，防止造成窒息；也不能用二氧化碳灭火器对人身进行直接近身灭火，以免造成冻伤。

明火扑灭后，应进一步采取措施清理棉毛织品的阴燃火，防止死灰复燃。化纤织品比棉布织品有更大的火灾危险性，这类织品燃烧速度快，容易粘在皮肤上。扑救化纤织品人身火灾，应注意扑救中或扑灭后，不能轻易撕扯人身上的烧残衣物，否则容易造成皮肤大面积创伤，使裸露的创伤表面加重感染。

无论采取哪一种方式，在初起火灾扑救中，都要把抢救人员生命放在第一位，及时营救被困人员。同时，注意把握好正确选择灭火器材、防止复燃、防止坍塌、防止高温烟气危害、防止毒物危害等几个关键点，并做好自身安全防护。

思考与讨论题：

1. 向消防队报告火警时要讲清哪些内容？

2. 手提式灭火器灭火的步骤是什么？

3. 灭火毯有哪些用途？

4. 厨房灶具燃气泄漏起火如何扑救？

5. 在教室或宿舍楼找到消火栓箱，模拟实际操作，谈谈体会。

第六章　火场疏散与逃生

　　火灾现场的高温、浓烟以及随时可能出现的建筑坍塌，直接威胁到火场被困人员的生命安全，了解火场危险因素，掌握必要的疏散与逃生方法十分重要。本章主要介绍火灾伤亡原因与预防措施，火场疏散与演练、逃生自救、现场急救的原则和措施，以及常用逃生自救器材的使用方法等知识。

第一节　火灾人员伤亡原因

　　据应急管理部消防救援局统计，近十年间，全国共接报亡人火灾案件 10815 起，有 15193 人在火灾中遇难。其中，较大和重特大火灾有 677 起，死亡 3626 人，造成财产损失高达 81.7 亿元。

一、火场危险因素

　　分析火灾人员伤亡的原因发现，威胁火场人员生命安全的危险因素主要表现为火场高温、烟气毒害、爆炸、倒塌和踩踏。

（一）火场高温

　　高温是火场导致人员伤亡的重要原因之一，所以应了解火场的温度变化情况和人对温度的耐受程度。

　　1. 火场温度的变化规律

　　室内火灾初起时，火焰辐射和燃烧反应释放热量，由于可燃物的热释放速率不同而有所区别，但由于火势较小，室内温度逐渐升高，整体室温略有增加；随着热烟粒子的扩散并向四周辐射热量，引起室内可燃物热分解，产生大量可燃气体，室内的上层气温达 400 ~ 600℃ 即发生轰燃，火灾达到全面猛烈阶段，室内处于高温状态；火焰包围所有可燃物，燃烧速度最快，环境温度明显上升，温度可达 700℃以上。火灾下降阶段，随着燃烧可燃物减少以及有限空间内氧气被渐渐消耗，则可燃物不再发出火焰，已燃烧的可燃物呈阴燃状态，室内温度降至 500℃ 以下。

　　2. 高温的伤害

　　（1）高温和火焰造成皮肤烧伤。由于火焰灼烧和烟气高温，使得火场受困人员的皮肤被烧伤或烫伤；如果皮肤烧伤面积大容易导致休克、缺氧等症状。在火灾伤亡人员中就存在因皮肤大面积烧伤而休克后致死。

　　（2）高温导致被困人员神志不清。火场的高温使人体不能适应，导致心情烦躁，甚至出现神志错乱。例如，高温火场导致疏散秩序混乱，酿成踩踏惨案；当高温超过人体的耐受极限，被困人员在高温的烘烤下可能会不加权衡地选择跳楼逃生，火灾中死于跳楼的情况屡见不鲜。

（二）烟气毒害

1. 火场烟气组成

烟气是气体和烟尘的混合物，是燃烧的主要产物。烟气的成分很复杂，气体中包括水蒸气、二氧化硫、氮气、氧气、一氧化碳、二氧化碳、碳氢化合物以及氮氧化合物等，对人体有麻醉、窒息、刺激等作用。烟尘的成分包括燃烧的灰分、悬浮颗粒、液滴以及高温裂解产物等。

2. 火场烟气危害

火场烟气对人体的危害一方面取决于烟气物质的组成、浓度、持续时间及作用部位；另一方面取决于人体的敏感性。烟气的危害性主要是毒性、减光性和恐怖性。

（1）毒性。烟气中含有大量有毒的气体，例如一氧化碳、二氧化碳、氮氧化合物，氰化物等。一氧化碳主要通过与血红蛋白结合使之丧失携氧功能，严重时可引起死亡。二氧化碳量达到 7% ~ 10% 时，数分钟就会使人失去知觉，以致死亡。氮氧化合物吸入后刺激呼吸道黏膜，引起肺炎。碳氧化合物主要是一些多环芳烃，除具有致癌作用外，还会刺激皮肤、黏膜，尤其是与氮氧化合物形成光化学烟雾，刺激性更强，可危及生命。烟尘浓度过高，也会引起急性中毒，表现为咳嗽、咽痛、胸闷气喘、头痛、眼睛刺痛等，严重者可死亡。

（2）窒息。由于燃烧消耗氧气并产生大量有毒气体，使得烟气中的含氧量低于人们生理正常所需要的数值。当含氧量降低到 15% 时，人的肌肉活动能力下降；含氧量在 10% ~ 14% 时，人会四肢无力，辨不清方向；含氧量降到 6% ~ 10% 时，人会晕倒；含氧量低于 6% 时，人会在短时间内死亡。

（3）减光性。烟粒子对可见光是不透明的，即对可见光有完全的遮蔽作用，当烟气弥漫时，可见光因受到烟粒子的遮蔽而减弱，能见度大大降低。通常情况下，人在熟悉的环境中，能看清 5 米的范围就可以安全逃生，人在不熟悉的环境中需看清 30 米距离时才能安全逃生，然而在火灾中人能看到的视距一般都达不到安全距离。因此，人在浓烟中往往会辨不清方向，浓烟滚滚也会使人产生恐慌，造成混乱局面，给人员疏散与逃生带来困难。

（三）爆炸

爆炸是物质从一种状态迅速转变成另一状态，并在瞬间放出大量能量，同时产生声响的现象。爆炸是由物理变化和化学变化引起的。一旦发生爆炸，将会对邻近的物体产生极大的破坏作用，这是由于构成爆炸体系的高压气体作用到周围物体上，使物体受力不平衡，从而遭到破坏。爆炸对人体的伤害主要是冲击波和爆炸时产生的碎片。

1. 冲击波。冲击波的杀伤作用主要是由冲击波超压和冲击波作用时间来决定的。冲击波超压就是冲击波压强与空气静止时的气压（1 个大气压）的压强差；冲击波作用时间就是冲击波超压所维持的时间。对于人体而言，冲击波超压为 0.5 个大气压时，人的耳膜破裂，内脏受伤；超压为 1 个大气压时，作用在人体整个躯干的力可达 4000 ~ 5000 公斤，在这么大的冲击力挤压下，人体内脏器个官严重损伤，尤其会造成肺、肝、脾破裂，导致人员死亡。

2. 爆炸碎片。爆炸碎片主要是对人体造成机体外在的直接损伤，比如皮肤肌肉组织的破裂、流血。

（四）坍塌

坍塌是由于建筑的承重构件失去平衡稳定性造成的，火场中的建筑坍塌多是由于长时间燃烧，超出建筑构件的耐火极限，破坏了构件的完整性、稳定性而失去支撑能力造成的建筑物全部或局部倒塌。

1. 火场建筑坍塌的影响因素

（1）耐火等级。建筑物耐火等级是建筑物整体的耐火性能，是由组成建筑物的墙、柱、梁、楼板、屋顶承重构件和吊顶等主要建筑构件的燃烧性能和耐火极限决定的，分为一、二、三、四级。一般说来，钢筋混凝土结构建筑为一、二级耐火等级；砖木结构为三级耐火等级；以木柱、木屋架承重及以砖石等不燃材料或难燃材料为墙的建筑为四级耐火等级。我国现行规范选择楼板作为确定耐火等级的基准。一级耐火等级的楼板耐火极限要求为 1.5 小时，二级为要求 1.0 小时，其他级别相应降低。对于建筑中起到支撑作用的柱子，耐火极限要求较高，一级为 3.0 小时，二级为 2.5 小时。

（2）爆炸冲击。火灾燃烧如果引发爆炸，产生冲击波和震动，也会破坏建筑构件的稳定性，导致局部破坏或整体坍塌。

（3）外界因素。在建筑火灾过程中受到灭火行动、气象因素以及其他不确定外界因素的影响，也可能发生坍塌。例如，在建筑物燃烧时，建筑物构件处于高温状态下，在使用大口径水枪、水炮灭火时，水流的温度与建筑物构件形成的温差，使得建筑物表面热胀冷缩，开始变形或开裂，尤其是钢结构建筑局部处于高温时，遇水忽然冷却使钢结构失去稳定性，可能会导致建筑物整体坍塌。

2. 建筑坍塌的危害

（1）直接砸伤。建筑坍塌坠落的建筑构件对火场人员直接造成撞击，导致受伤乃至身亡。

（2）烧伤。燃烧的建筑构件倒塌后接触到人体，直接导致烧伤；接触到可燃物，加速火灾的蔓延和扩大。

（3）阻隔疏散通道。建筑构件倒塌的坠落物或疏散楼梯的破坏，将使得救援和疏散通道被阻隔，为逃生和救助带来障碍。

（五）踩踏

踩踏一般指因聚集在某处的人群过度拥挤，致使一部分甚至多数人因行走或站立不稳而跌倒未能及时爬起，被人踩在脚下或压在身下，短时间内无法及时控制、制止的混乱场面。人员密集场所发生火灾时，短时间内人员疏散压力巨大，如果不能正确引导分流和组织疏散，可能在慌乱中造成踩踏伤害。踩踏给人员带来的危害轻则重伤，重则死亡。

1. 头面部踩踏伤：可致头面部破裂、口鼻出血、颅骨骨折甚至死亡。

2. 胸、腹部踩踏伤：可合并肋骨骨折、气胸、血胸、心脏或肺挫伤，导致呼吸突然停止、腹部重要脏器破裂、体腔内大出血甚至死亡。

3. 四肢踩踏伤：往往造成骨折、皮肤破损等。

二、火场心理特征

火场是一个恐怖而又危险的现场，人在火场中的心理和行为反应直接关系到自身安全。人的心理和情绪受客观环境影响，当处在火场浓烟、火焰、毒气的刺激下会产生特定的心理反应。

（一）恐惧

恐惧是指不能迅速适应变化的环境所产生的"害怕"的心理反应，是人们遇到危险时所产生的情绪。缺乏应付、摆脱可怕境况的力量或能力，往往造成恐惧。火灾中，面对浓烟烈火，面对人群的纷乱骚动，人们深切感到生命将受到严重的威胁，因此产生强烈的恐惧感。恐惧主要表现形式为：心慌、害怕、言行错乱和意志力下降等。在这种心理状态下，人的正常思维被干扰，理性判断能力下降，容易出现一些非理性行为。如火灾时报警的人言语含混不清，无法说清起火地点的现场情况，仅仅重复若干简单的词句。

（二）惊慌

对于火灾，很多人往往都是第一次亲身经历，而且灾难场面往往很恐怖，所以，大多数人的第一反应是焦虑和慌乱，而且往往不能自控。在惊慌心理的支配下，想逃，怕选不准安全通道；想避，又不知道什么是安全之地，慌乱中，可能做出错误决策和行动。

（三）茫然失措

茫然失措是火场中大多数受害人员存在的一种心态。茫然是麻木不仁、无所适从的表现，是造成错误行为的先导。如果人处在火场中缺乏理性判断能力，面对环境生疏，想跑路不熟，想商量无熟悉面孔，找不到可信赖的依靠，又生怕大祸临头，就会立即产生空虚茫然感。茫然的结果必然难以听从别人的指导和规劝，陷于麻木状态。茫然的结果最容易出现错误行动。

（四）从众

从众心理是指人们在自身没有主见的情况下，寄希望于跟随人流离开特殊环境的心理行为。一旦发生火灾，绝大多数人员会手足无措，不知道该采取怎么样的措施尽快离开火场，心里十分恐惧，因此，往往产生一种盲目的向群性。人们普遍认为人多可以壮胆、人多有依靠，安全感可以增强，但事与愿违，这种由于惊慌不安而造成的人员集中往往导致抢夺疏散通道、安全出口的现象，势必又会造成逃生通道堵塞，人员拥挤，不能及时疏散出去，甚至踩踏事件，从而加重人员的伤亡。

（五）冲动和侥幸

冲动是外界刺激引起的，靠激情推动的心理，它受情绪的左右。侥幸则是一种趋利避害的冒险投机心理，行为人在认识上即使认为不一定成功，也要决心付诸意志的执行阶段。冲动和侥幸这两种心理往往同时存在并相互作用，在侥幸心理的作用下，人们可能做出冲动行为；冲动的心理则可能进一步加强人们的侥幸心理。火场中，人们的惊慌，火、烟、热、毒的作用所产生的惧怕和茫然，最容易使人做出不理智或盲目的冲动行为。冲动的举动是以逃避眼前的烟、热等危害为目的的单一行为，如乱跑乱窜、大喊大叫以及跳楼等。火场心理研究证明，乱跑乱窜、大喊大叫不但会使自己陷入危险境地，还会扰乱人们平静的思维，增加其他人的惊慌心理，导致更多的人效仿，从而使火场中的人们更加混乱而难于疏导和控制。侥幸心理也是人们经常出现的一种心态，尤其是在面临灾祸之际，部分人表现得更为强烈。侥幸心理是妨碍正确判断的大敌，火场中往往会干扰理智的思维和正确的判断。

三、火场常见行为误区

行为是由思维支配的，人的心理反应具有一定的能动性，在一定的心理作用下，人们会产生相应的行为反应。在火场的特殊环境下，人们往往产生一些非理性的心理反应，进而采取一些不理智的行为。

（一）原路逃生

面对火灾造成的突发性环境变化，烟、火、热、毒等作用所致的身心痛苦以及可能引起的伤亡风险，人们必然会迅速产生逃离危险现场的举动行为。当处于不熟悉的场所火灾危险之中时，人们在急于逃生的动机支配下，通常靠自己的所知或惯用的通道逃生，绝大多数是奔向来时的路线，作逆向返回的逃生。如果该路线畅通，是较好的逃生路线。如果该通道被烟气封锁，立即就感到无路可逃，从而丧失逃生信心，这时人们要么随人流窜动，要么返回房间，要么无所适从。

（二）向群行为

向群行为也称为聚集行为或随流行为。向群是源于人们普遍具有人多壮胆、人多有依靠、安全感增强的心理。因而聚集、随大流的向群性是在发生火灾等突发事件情况下，最容易产生的习惯倾向。旅馆、饭店的旅客在突发火灾的情况下形成的群体，本来是互无联系的，但在混乱之时凑在一起，虽互不认识，却被认为是可以相互依赖的人。这种在无任何指令或暗示的举动下形成的自然集结气氛，往往越变越强。但由于这样形成的群体，每个人都处在惶惶不安之中，行为决策具有盲目性，所以，一般情况下，容易盲目地按着错误信息或指令导向，走向更危险的境地。

（三）趋光行为

向往光明是人之共性。人绝大多数时间是生活在明亮的环境中，因而对黑暗会产生较强的不适应感和不安全感。在火灾情况下，浓烟遮住了人们的视线或突然停电把人一下抛到了昏暗环境中，每个人都感觉不适应和惧怕。此时，人人都具有奔向能见度好、明亮之处躲避的趋向。通常，烟雾少，能见度高的地方距火点远，如有安全疏散通道，奔向明亮方向逃生无疑是正确的。但若此方向无安全疏散通道或是火势蔓延的主要方向，虽然暂时减轻危害，随着时间的推移和火势发展，此光亮处却可能成为最危险之地。实际火场中，有时走廊或楼梯的一段被烟火封住，对此种情况，若采取自我防护措施，冲过这一段光线昏暗处，逃生则大有希望。因此，火灾情况下，只具有单纯本能的趋光性是不可取的，应在判断分析的基础上慎重决定躲避的地点和方向。

（四）向隅行为

在火、烟、热、毒存在的情况下，人们具有习惯于向着不见烟和火焰的方向进行逃避的倾向，因而将逃生仅着眼于脱离暂时的危险处境上。在意向性支配下，表现出急于逃出火区、无目的地就地隐藏或向狭窄角落躲避的行为，钻入暂时烟火未延及的床下、桌下、厕所、洗浴室等处。这样做往往会贻误自我逃生时机，将自己送到更加危险的伤亡边缘。实际上，火灾时的床、桌椅等都是首先殃及的可燃物，不采取任何保护措施的洗手间的门也是可燃的，只能暂避一时。换句话说，即使这些部位没能被引燃，烟、热、毒也足以使人达到无法忍受或死亡的地步。

（五）混乱行为

混乱是大多数公众聚集场所火灾都会产生的一种可怕局面。混乱常起因于一两个或几个人的不理智行为，如乱跑乱叫、上蹿下跳，进而给周围的人以强烈的影响，诱发更大的混乱状态。促成火灾情况下的人群混乱有生理、心理多方面的因素，往往给人员逃生带来很大的困难，它会严重干扰人的正常思维，出现行为错乱，干扰人的正确引导疏散和消防救助。

第二节　火场人员疏散

《中华人民共和国消防法》规定，人员密集场所发生火灾，该场所的现场工作人员应履行组织、引导在场人员疏散的义务，否则，造成严重后果的要承担相应违法责任。学校的人员密集场所众多，如教学楼、图书馆、礼堂等，掌握人员疏散的基本方法和手段，有利于在火灾时快速有序将被困人员疏散到安全地带。

一、影响人员安全疏散的因素

与正常情况下人员在建筑物内行走的状态不同，人员在发生火灾的紧急情况下的疏散过程中，内在因素和外在环境因素都可能发生了变化，这些因素对人员安全疏散往往会造成影响。

（一）人员内在影响因素

主要包括：心理因素、生理因素、现场状态因素、社会关系因素等。

1. 心理因素

人员在紧急情况下的心理普遍会发生显著的变化，如感知到火灾、烟气时会出现恐慌，听到警铃或接收到火警信息时会出现紧张，众多人员疏散时在出口处排队等待的时间越长，人群中紧张情绪越高等。这些心理变化因素一方面能够激发人的避险本能，另一方面也会导致人员理性判断能力降低、情绪失控。

2. 生理因素

人员生理因素包括人员自身的身体条件影响因素，如幼儿、成年、老年、健康、疾病等条件差异。不同的身体条件会显著影响人员的运动机能。此外，紧急情况下环境条件的变化也会对人员生理因素造成影响，如火灾时由于现场照明条件变暗、能见度降低使人的辨识能力受到影响；温度升高、烟雾刺激、有毒气体会影响人的运动能力等。

3. 现场状态因素

人员现场状态因素包括：清醒状态、睡眠状态、人员对周围环境的熟悉程度等。对于处于清醒状态并对周围环境十分熟悉的人来说，疏散速度会大大快于处于睡眠状态并对周围环境陌生的人。如果人们在进入一个陌生环境时首先有意识地查看安全出口位置及疏散路线，则会大大改善人员的现场状态因素。

4. 社会关系因素

人是具有社会属性的高等动物，即使是在紧急情况下人们的社会关系因素仍然会对疏散产生一定影响。如火灾时，人们往往会首先想到通知、寻找自己的亲友；对于处在特殊岗位的人员，首先想到自身的责任；还有些人员在疏散前会首先收拾财物，这些因素会影响人员疏散的行动时间。

（二）外在环境影响因素

外在环境因素主要是指建筑物的空间几何形状、建筑功能布局以及建筑内具备的防火条件等因素。例如，地上建筑或是地下建筑、高大空间或是低矮空间、影剧院或是办公建筑等；建筑物的耐火等级，建筑内安全出口设计是否足够合理，疏散通道是否保持畅通，消防设备是否处于良好运行状态，是否存在重大火灾隐患等。

（三）环境变化影响因素

火灾时现场环境条件势必要发生变化，从而对人员疏散造成影响。例如火灾时，正常照明电源可能被切断，人们需要依靠应急照明和疏散指示寻找疏散出口；再如原有正常行走路线一旦被防火卷帘截断，人员需要重新选择疏散路线；又如自动喷水灭火系统启动后，在控制火灾的同时也会对人员疏散产生影响。

（四）救援和组织引导因素

火灾时自救和外部救援的组织能力也会对安全疏散产生影响。通过建立完善的安全责任制，制定切实可行的疏散应急预案，并认真落实消防应急演练，能够有效提高人的疏散能力；否则，容易引起人员拥挤和混乱。

二、组织疏散的基本程序和要求

火场人员疏散是指火灾发生时，使身处火场内部人员能迅速、安全地离开现场，免受伤害的行动。为此，在发现初起火灾立即报警和灭火的同时，单位要正确组织与引导人员疏散，切实提高组织疏散逃生能力。

（一）组织疏散基本程序

1. 启动预案

学校人员集中的场所一旦发生火灾，必须按照应急预案，有组织地将被困人员及时疏散，通信联络组、灭火行动组、疏散引导组、安全救护组、现场警戒组按照各自职责，互相配合，发挥作用，尽最大的努力帮助被困人员有序地脱离危险区域。

2. 疏散通报

消防中心收到报警信号并经确认后，在启动灭火系统、防排烟系统和应急照明系统的同时，应启动消防广播，按照顺序通知人员有序疏散。

（1）疏散通报顺序

根据火灾的发展情况，应明确疏散通报的顺序。一般情况下，疏散通报的次序是着火层、着火层以上各层、有可能蔓延的着火层以下的楼层。

（2）疏散通报的方式

①语音通报。利用消防广播播放预先录制好的消防紧急广播录音或由值班人员

直接播报火情、介绍疏散路线及注意事项。

②通过警铃发出紧急通告和疏散指令。

③指派人员到每个房间发出火灾警报、介绍疏散路线及注意事项。

3. 引导疏散

发生火灾时，人们急于逃离火场，可能会蜂拥而滞于通道口，造成拥挤堵塞，甚至发生人群挤压。此时，疏散通道或安全出口附近的员工，应将疏散通道、安全出口全部保持畅通。疏散引导工作要责任到人，在疏散路线上分段安排人员指明疏散方向，同时要注意稳定人员情绪，维护有序疏散，阻止无关人员重返火场。当被困人员较多，特别是老、弱、病、残、妇女、儿童在场时，引导人员要积极主动帮助或护送他们至安全区域。

4. 稳定情绪

学校或部门领导、工作人员、服务人员、疏散引导组人员在火灾发生时要沉着、镇静，坚守岗位、履行职能。疏散过程中要不断通过手势、喊话或广播等方式稳定被困人员情绪，消除恐慌心理，引导被困人员采取正确的逃生方法，向安全地点疏散逃生，尽量避免人流相向行进，防止拥堵、踩踏或跳楼。

5. 搜寻检查

火场被困人员疏散后，条件允许时，在保证自身安全的前提下，疏散引导组要进入内部搜寻，按照分工，仔细检查房间内是否还有滞留人员，特别注意检查卫生间、阳台、走廊尽端、地下室内、着火层以上、墙脚桌下等相对隐蔽部位有无人员被困或昏迷，如发现有遇险者，应组织人员迅速将其救出室外。

（二）组织疏散基本要求

1. 组织健全，责任明确

单位应根据法定要求，建立由单位领导负责，各相关部位、部门负责人参与的应急机构，定人定岗明确职责，做到每个可能有人滞留的部位都有人负责，每个通道都有人开启和引导。

2. 建筑消防设施完备，运行正常

建筑消防设施是人们安全迅速逃离火场的"生命通道"，任何一个环节出现问题，都会给人员疏散带来不可估量的危害，一定要落实责任制，确定专门的维护、值班人员，经常检查，定期运行，确保其运转正常。

3. 制定灭火疏散预案方案，经常演练

为了使人员疏散工作有组织、有秩序地进行，学校要结合各场所自身的功能、岗位、人员的实际，制定符合实际的灭火和应急疏散预案，并要定期组织演练，掌握疏散程序和逃生技能。

三、防范踩踏的基本措施

在火场疏散拥挤行进的人群中，如果前面有人摔倒，而后面不知情的人若继续前行的话，那么人群中极易出现像"多米诺骨牌"一样连锁倒地的拥挤踩踏现象。火场"争相夺命"拥挤踩踏，往往是造成群死群伤的一个重要原因，必须引起高度重视。

（一）火灾疏散时

火灾疏散过程中，可能会出现混乱的场面，沉着冷静是顺利逃生的首要前提。如果人人都争先恐后，毫无章法，可能会加剧危险，甚至出现谁都逃不出来的惨剧。

1. 火场疏散时，优先帮助照顾老幼妇孺、行动不便的人。

2. 在火场疏散通道人多的时候不拥挤、不起哄、不奔跑、不制造紧张或恐慌气氛。

3. 顺着人流走，切不可逆着人流前进，否则，很容易被人流推倒。

4. 假如陷入拥挤的人流时，一定要先站稳，身体不要倾斜失去重心，即使鞋子被踩掉，也不要弯腰捡鞋子或系鞋带。

5. 在人群中走动，遇到台阶或楼梯时，尽量抓住扶手，防止摔倒。

6. 在拥挤的人群中，要时刻保持警惕，当发现有人情绪不对或人群开始骚动时，就要做好准备保护自己和他人。

7. 在人群骚动时，脚下要注意些，千万不能被绊倒，避免自己成为拥挤踩踏事件的诱发因素。

8. 当发现自己前面有人突然摔倒了，马上要停下脚步，同时一定要大声呼喊，尽快让后面的人群知道前方发生了什么事，否则，后面的人群继续向前拥挤，就非常容易发生踩踏事故。

9. 若自己不幸被人群拥倒后，要设法靠近墙角，身体蜷成球状，双手在颈后紧扣以保护身体最脆弱的部位。

（二）踩踏发生后

如果由于过度拥挤发生了踩踏事故应立即采取应对措施。

1. 拥挤踩踏事故发生后，一方面赶快报警，等待救援，另一方面，在医务人员到达现场前，要抓紧时间用科学的方法开展自救和互救。

2. 在救治中，要遵循先救重伤者、老人、儿童及妇女的原则。判断伤势的依据有：神志不清、呼之不应者伤势较重；脉搏急促而乏力者伤势较重；血压下降、瞳孔放大者伤势较重；有明显外伤、血流不止者伤势较重。

3. 当发现伤者呼吸、心跳停止时，要赶快做人工呼吸，辅之以胸外按压。

第三节　火场逃生与自救

火灾时能否顺利逃离火场，与受害者的心理素质、消防安全知识储备和逃生自救能力等因素有关。因此，有必要掌握一定的逃生和自救互救知识，能够在火灾发生时，保持沉着冷静，选择有利时机、路线和方法逃出危险区域或恰当避险待援。

一、逃生的基本原则

火灾逃生的基本原则是：迅速镇定、研判火情、主动作为、向外离开。

（一）迅速镇定

迅速镇定是指火灾发生时，需要保持清醒和冷静，抑制消极的心理应激反应，要抓住有限的逃生时间和时机，不观望、不逗留、不贪恋财物，就近利用一切安全疏散通道、逃生工具迅速采取行动，撤离火灾危险区。

（二）研判火情

根据烟火蔓延情况、温度情况，准确判断火势发展阶段。选择正确的逃生方向、逃生路线或是暂时躲避到避难间或是创造避难场所。

（三）主动作为

主动作为是指火场逃生必须要积极争取一切可以生还的机会，不可放弃希望，坐以待毙。

（四）向外离开

建筑火灾的火场内终究是危险的，安全疏散到室外安全区域是首选，即使一时不能安全疏散，暂时避难也要积极发出信号，争取外界的援助脱离火场。

二、逃生和自救的基本方法

被困火场时，应根据具体环境不同选择恰当的逃生路径和方式，通常采用的基本方法有从安全疏散通道疏散逃生，从门窗洞口利用器械逃生，采用防烟措施，暂时避险待援。

（一）选择安全的疏散通道

疏散路线应根据火势情况，选择最简便、最安全的通道和疏散设施。选择疏散路径时，应首先选择安全疏散楼梯、室外疏散楼梯、普通楼梯间等。其中，防烟楼梯、室外疏散楼梯更为安全可靠。在高层建筑发生火灾时，因电梯的供电系统在火灾时随时会断电，或因热作用使电梯变形而使人被困在电梯内；同时，电梯井连接各层，犹如贯通的烟囱般直通各楼层，很容易成为烟、热、火的通道，造成有毒气体的侵入。因此，火灾时不能乘坐电梯。当安全疏散通道被烟火封锁后，应该先向远离烟火的方向疏散，然后再向靠近出口和地面的方向疏散。向远离烟火的方向疏散时，应以水平疏散为主，尽量避免向楼上疏散。

（二）避免火场烟热的侵害

"是火三分烟"，烟气是火灾中的蒙面杀手，火场中的烟气不仅温度高，而且多含有大量的有毒气体，如一氧化碳、硫化氢等。火场上，大部分人往往并非直接被火烧死，而是被火灾中产生的浓烟灼伤或熏死。因此，在逃离火场的过程中，不仅要避火，还要采取防烟措施。

1. 利用防毒面具防烟、防毒。过滤式防毒面具能过滤烟雾中的烟粒子和一氧化碳等毒气。若确认已发生火灾，应迅速戴上防毒面具。其方法是：将面罩下方先套住下颚，然后将头带拉紧，使面罩紧贴面部以防漏气。

2. 利用简易防毒工具防烟、防毒。发生火灾后，可将毛巾、衣服、软席垫布等织物叠成多层捂住口鼻，可以起到防烟、防毒的作用。

3. 贴近地面或爬行穿过烟热区。在火灾的初起阶段，有限的烟雾聚集在房间上部，靠近地面的烟气和毒气比较稀薄，能见度相对较高，而上部的空气中含有大量的有毒气体，所以，逃离火场应该避免直立。在穿过烟雾区时，应采取低姿行走或爬行脱离险区。同时，还可以穿上浸湿的不易燃烧的衣服或裹上浸湿的床单、毯子等物以防止高温侵害。

（三）利用救生器材或其他工具脱离险境

当安全通道全部被烟火封死时，也不要慌张，只有沉着、冷静才能化险为夷。此时，应注意观察环境，充分利用各种逃生器材从门窗、洞口逃生。

1. 利用专用逃生器材逃生。目前高层建筑内通常配备有多种紧急逃生器材，例如缓降器、救生袋、救生软梯等，掌握这些工具的使用方法可以辅助安全脱险。

2. 利用自救绳逃生。在紧急情况下，可利用粗绳索，或将窗帘、床单、被褥等拧成绳，用水沾湿，然后将其一端拴在牢固的暖气管道、窗框或床架上，另一端投到室外，而后沿自救绳慢滑到地面或下一楼层而脱离险境。

3. 利用自然条件逃生。被困人员在疏散时，在没有任何应急材料可作救生器材的情况下，则可充分利用建筑物本身及附近的自然条件进行自救，如阳台、窗台、屋顶、落水管、避雷线等，以及靠近建筑物的低层建筑屋顶或其他构筑物等。但要注意查看落水管、避雷线是否牢固，是否已被火烘烤、烧断，否则不能利用。

4. 跳楼逃生。如果被火困在三层楼以下楼层内，烟火紧逼，时间紧迫，又无以上方法可施，也得不到他人救助时，可以跳楼逃生。如果消防队员准备好了救生气垫，则要四肢伸展，对准垫上的标志跳下。没有救生气垫，可将软床垫、沙发垫、厚棉被等抛下做缓冲物。跳楼也要讲技巧，跳楼时应尽量往救生气垫中部或选择水池、软雨篷、草地等地；也可抱些棉被、沙发垫等松软物品或打开大雨伞跳下，落地前，要双手抱紧头部，身体弯曲蜷成一团，以减少伤害；如果徒手跳楼，可以扒窗台或阳台使身体自然下垂跳下，以尽量降低垂直高度，同时注意屈膝双脚着地。跳楼虽是一种逃生手段，但会对身体造成一定的伤害，所以要慎之又慎。

（四）寻找或创造避难场所

在不具备安全疏散条件时，可利用建筑中设置的避难间避难，没有避难间可创造临时的避难场所，等待救援。

1. 若身处室内，开门前要先用手触摸门把手，如温度很高或有烟雾从门缝钻入，千万不要贸然打开房门，应退守房间内采取相应的对策：用湿布条堵塞门窗缝隙，用水浇在已过火的门窗上。身处专门设有避难层的高层建筑，如果无法逃离大楼，可以暂时留在避难层等待救援。

2. 若身处通道且大火和有毒的浓烟封闭通道无法逃离时，要退回室内靠墙躲避，因为消防人员进入室内时，都是沿墙壁摸索进行的，所以，当被烟气窒息失去自救能力时，应努力滚向墙边或者门口。

3. 在无法逃至安全地带的情况下，要尽可能选择靠近马路的窗口、阳台、天台等容易被人发现的避难场所，同时向救援人员发出求救信号，如呼喊、挥舞衣服、抛物等。黑暗中可以用手电筒向下照亮，以便救援人员及时发现，及时救援。

三、不同火场的逃生方法

（一）学校疏散逃生

尽快沿着校内安全疏散标志，从疏散通道逃生。尽量用湿毛巾捂住口鼻，如果遇到浓烟，要在烟气层下降低身姿撤离。万一火势迅猛，疏散通道被大火封堵或截断，要尽快开辟逃生通道。可以躲到开阔安全的平台发出求救信号，耐心等待救援。不要因为火势过大就盲目跳楼、跳窗。平时要认真参加学校组织的消防演练，学习疏散逃生方法，熟悉疏散逃生路线。

（二）家庭疏散逃生

如果自己家里起火，要尽可能逃离起火房间，逃出去后关上失火的房间门，并打电话报警，逃出后不能重返火场；如果楼内其他住户家中起火，穿过浓烟时要在烟气层下降低身姿逃离，根据烟气层的高低决定是直身、弯腰还是匍匐前进，并用湿毛巾捂住口鼻，抵御烟气的侵袭。无法穿过楼道、通过疏散楼梯逃生时，要固守求援、待援，用湿毛巾等堵塞门缝，防止烟气进入房间，然后在阳台或窗口用呼喊、吹口哨、挥舞色彩鲜艳的衣物或开启手电筒等方法向消防队员求援。

（三）公共场所疏散逃生

到影剧院、医院、车站码头、宾馆、酒店、商场、超市、书店、图书馆等任何一个公共场所，首先要保持一定的警醒，熟悉周围环境，注意消防安全标志，了解安全出口的位置、疏散通道的分布以及自己所在的位置，看懂公共场所的疏散示意图。万一发生火灾，不要乘坐电梯，要迅速沿疏散通道远离着火区域，遇到浓烟降低身体或者匍匐前行。如果火势过大，紧急疏散至离火势最远的房间内，等待救援。在无路可逃的情况下应及时寻找避难处所，发出呼救信号，等待救援。

（四）高层建筑疏散逃生

高层建筑一旦发生火灾，要朝着疏散标志指向的疏散楼梯迅速逃离。进入疏散楼梯后，要随手关上楼梯间的防火门，迅速从疏散楼梯门沿墙体右侧往下疾走，让出左侧楼梯，以免阻挡上来救援的消防员。火势不大时，用灭火毯、湿被子或者其他类似湿物裹住身体，低姿冲出火场。如果发生火灾的地点位于自己所处位置的上层，此时应向楼下逃去，直至到达安全地点；如果发生火灾的地点位于自己所处位置的下层且向下逃生的通道被火堵截，应尽快往楼上逃生，选择在楼顶平台等待救援；如果无法逃离，可以在四周寻找安全空间，等待救援。如楼内配备逃生缓降器等建筑物外火灾逃生避难器材，可以使用这类器材逃生。

（五）交通工具疏散逃生

乘坐的交通工具一旦发生火灾事故，要保持镇定，及时报警，并提醒司机或乘务员利用车载灭火器材扑火自救。在逃生过程中要听从司乘人员的指挥、引导进行疏散，不可盲目拥挤。要保持镇定，不要贪恋财物而耽误逃生时机。

1. 汽车疏散逃生。当车门被火焰封住时，若火焰较小，可用衣物蒙住头部，从车门冲下。如果车门无法开启，可用逃生锤从四角击碎车窗玻璃逃生。逃出车厢后，尽量远离汽车油箱和发动机，以防车辆爆炸伤人。

2. 地铁等轨道交通疏散逃生。在撤离着火的车厢时，应当用衣袖或者手帕等掩住口鼻，沿着车头或车尾的方向，弯腰撤离到其他车厢；切忌立即打开车门逃生，要待乘务员拉下紧急制动闸将列车停稳后，迅速离开起火车厢，通过过道或者砸破车窗逃生；如果遭遇站台起火，不要惊慌，按照站台工作人员的指引，有序进入疏散通道，按照指引的逃生路线进行撤离。

3. 轮船等水上交通工具疏散逃生。轮船发生火灾时，可利用轮船内部设施如内梯道、外梯道、舷梯、逃生孔逃生；当轮船前部某一楼层着火，立即往主甲板、露天甲板疏散，在逃出后应随手将舱门关上，以防火势蔓延；若火势已窜出封住内走道时，应关闭靠内走廊房门，从通向左右船舷的舱门逃生；当大火将直通露天的梯道封锁致无法向下疏散时，可以疏散到顶层，然后向下施放缆绳，沿缆绳向下逃生，并借助救生器材向来救援的船只上及岸上逃生。

4. 飞机疏散逃生。上飞机后，记住自己的座位与出口之间相隔几排距离，这样即使机舱内烟雾弥漫，也可以摸着椅背找到出口；如果客舱内失火并出现浓烟，不要大声呼叫，不要打开通风口，这样会加大对烟雾的吸入，听从乘务员的安全指令从相应的逃生口撤离，逃生时要尽量放低身态，屏住呼吸，或用湿毛巾、衣物堵住口鼻，防止有毒气体的吸入；飞机着火严重可能发生爆炸，在离开滑梯后要迅速逃离飞机100米开外；紧急撤离时要保持冷静，不可携带任何行李。

（六）森林火灾逃生

如果遇到林火，要注意风向和火情的变化，向着火小的地方以及池塘、河流、公路等较安全的地带逃生；如被林火包围，要选择附近的土坑、山沟等空旷地以及被火烧过又有岩石裸露的地方或者植被少、火焰低的地区突围；逃生时要注意避开陡坡、草塘沟、鞍部、三面峡谷等危险区域；当风向突变、火掉头时，要当机立断，选择草较小、较少的地方，用衣服包住头，憋住气，迎火猛冲突围；万一身上着火，冲出去后在地上打几个滚将火熄灭，可安全脱险；如果来不及撤退，应就近选择植被少的地方卧倒，脚朝火冲来的方向，扒开浮土直到见着湿土，把脸放进挖出的小坑里面，用衣服包住头，双手放在身体下面。

四、火灾现场急救

在火场疏散或逃生过程中，可能会出现各种受伤，常见伤情有创伤、烧烫伤、骨折、中毒以及心跳或呼吸骤停等。应根据伤情大小和具体情况，及时妥善处置，防止因急救不及时或盲目处置而造成伤情恶化或死亡。

（一）创伤

1. 创伤处置的一般程序：

（1）脱去或剪开伤员的衣物，暴露伤口；

（2）使用生理盐水冲洗伤口，伤口周围皮肤用0.5%碘酒消毒；

（3）以无菌敷料覆盖伤口并予以固定；

（4）如有可能，将受伤部位抬高。

2. 头部创伤的处置方法：

（1）以无菌敷料覆盖伤口，使用弹力网帽或绷带、三角巾固定无菌敷料；

（2）若耳、鼻有液体流出，禁止堵塞耳道或鼻孔，应使用酒精棉球擦净耳、鼻周围的血迹及污物，用碘酒消毒。

3. 眼部创伤的处置方法：

（1）伤员取平卧位，保持头部稳定；

（2）嘱咐伤员闭合双眼，减少眼球移动，不可试图移去嵌在眼内的异物；

（3）以无菌敷料覆盖双眼，使用绷带或三角巾包扎。

4. 胸部创伤的处置方法：

（1）伤员取半卧位，侧向受伤的一边；

（2）以无菌敷料覆盖伤口，在敷料上加盖洁净的保鲜膜，用胶布固定，封住三边，留空向下的一边。

5. 腹部创伤的处置方法：

（1）伤员取平卧位，双腿屈曲；

（2）以无菌敷料覆盖伤口，用绷带、三角巾或胶布固定；

（3）若伤口有内脏脱出，不可直接触摸，不可尝试放回腹腔内，应立即以洁净的保鲜膜覆盖伤口，用三角巾做环行垫圈，环套脱出物，使用三角巾包扎。

6. 肢体离断伤的处置方法：

（1）不可清洗伤肢，应以无菌敷料覆盖肢体残端，使用弹力绷带回返式加压包扎；

（2）若离断的肢体尚有部分组织相连，直接包扎，按骨折固定方法进行固定；

（3）寻找断肢（指、趾），用保鲜袋包裹后放入装满冰块（或冰水）的塑料袋中保存，不可使断肢（指、趾）直接接触冰块（或冰水）；

（4）将断肢与伤员一并移交专业医疗救护人员。

（二）烧（烫）伤

1. 迅速脱离热源，防止损伤扩大；

2. 检查呼吸和脉搏；

3. 确认为轻度烧伤后，立即用冷清水冲洗或浸泡伤处，降低表面温度，直至受伤部位不再感到疼痛为止；

4. 迅速去除或剪除伤处衣物和饰物；

5. 保持伤口完好，以无菌敷料覆盖伤处，不可刺破水泡，不可涂抹红汞、蓝汞等有颜色的外用药，以免影响对烧伤面积、烧伤深度和烧伤程度的判断；

6. 若伤员为口腔、呼吸道、面部烧伤或烫伤，应及时解松伤员颈部的衣物，清除口腔及呼吸道内的分泌物，给予吸氧。

（三）中毒

明确中毒毒物的性质，将中毒者移离污染区域，防止进一步接触或吸入毒物。对吸入毒气的处置方法如下：

1. 将中毒者移至安全通风处；

2. 解开伤员领部、胸部与腰部过紧的衣物，保持呼吸道通畅，检查意识、呼吸和脉搏；

3. 给予吸氧并保持体温。

（四）骨折

1. 骨折的处置方法：

（1）避免不必要的移动，保持伤员静止不动；

（2）检查意识、呼吸、脉搏，处理严重出血；

（3）判定骨折部位及骨折类别，选用相应的固定器材，宜使用躯体（肢体）固定气囊；

（4）双手稳定并承托骨折部位，限制骨折处的活动，安放固定器材；

（5）指（趾）端露出，检查伤肢末端的感觉、活动和血液循环情况。

2. 注意事项：

（1）严禁现场整复，肢体如有畸形，按畸形位置固定；

（2）若伤员为开放性骨折，不可试图将外露骨还纳，不可用水冲洗，不可涂抹药物，应以无菌敷料覆盖外露骨及伤口，在伤口周围放置环形衬垫，使用绷带或三角巾包扎；

（3）肢体出现肿胀、麻木、苍白、发凉或脉搏消失等症状，应立即解松绷带，重新进行伤情判断。

（五）心跳或呼吸骤停

为挽救心跳、呼吸骤停的伤病员需要采取心肺复苏，目的是通过急救人员的努力，使伤病员的心、肺功能恢复正常，挽救患者生命，并力求不留下任何影响患者生活质量的后遗症。具体流程如下。

1. 仰卧平放伤员

将伤员仰卧位放置于坚硬的地（平）面上，头颈、躯干平直无扭曲，双手放于躯干两侧。若伤员为俯卧位倒地，救护人员位于伤员身体一侧，将伤员该侧上肢向头部方向伸直；双手分别扳动对侧肩部和髋部，转动伤员躯干；翻转伤员至侧卧位后，一手扶持伤员后颈部，一手承托髋部，将伤员翻转为心肺复苏体位。

2. 畅通气道

解开伤员颈部、胸部与腰部过紧的衣物。救护人员一手下压伤员前额，另一手食指、中指置于下颌骨处，向上抬起下颌，采用仰头举颌法打开气道。若伤员疑有颈椎骨折，应采用托颌法打开气道，即救护人员将手放置于伤员头部两侧，握紧伤员下颌角，用力向上托下颌，用拇指将伤员口唇分开。

3. 人工呼吸

侧头用耳听伤员口鼻的呼吸声，用眼看胸部的起伏，用面颊感觉呼吸的气流，用时不超过 10 秒。如果伤员胸部无起伏、口鼻无气体呼出，视为伤员停止呼吸，立即开始人工呼吸。

（1）口对口吹气

①救护人员一手以食指与中指提拉下颌，保持气道畅通，另一手以拇指和食指捏紧伤员的鼻翼，用双唇包严伤员口唇四周，缓慢将气体吹入，吹气时间持续 1 秒；

②吹气完毕，放松捏鼻翼的手，观察伤员胸部有无起伏；

③连续吹气两次，成人每 5 秒吹气一次，儿童每 4 秒吹气一次；

④如果最初吹气不成功，重新开放气道，再次吹气；若伤员胸部仍无起伏，按照无反应伤员的气道梗阻情况进行救治。

（2）口对鼻吹气

当伤员牙关紧闭不能开口、口唇创伤或口对口封闭困难时，采用口对鼻吹气，操作方法如下：

①清理并通畅伤病者的呼吸道。

②用仰头举颌法保持气道通畅，同时用举颏的手将病人口唇闭合。

③急救者深吸气后，双唇包住病人鼻部同上法吹气，吹气时间要长，用劲要大。

④呼气时使伤者的口张开，以利气体排出。

4. 胸外心脏按压

触摸颈动脉（婴儿触摸肱动脉），同时观察伤员呼吸、咳嗽和运动情况，用时不超过 10 秒。若不能肯定有脉搏搏动，立即开始胸外心脏按压。

成人按压部位为胸骨中下 1/3 交界处，方法如下：

①救护人员右手中指置于伤员右侧肋弓下缘，沿肋弓向内上滑行到双侧肋弓的汇合点，中指定位于此，食指紧贴中指并拢；

②左手的掌根部贴于右手食指并平放，使掌根部的横轴与胸骨的长轴重合；

③将右手放在左手的手背上，双手掌根重叠，十指相扣，掌心翘起，手指离开胸壁；

④手臂伸直，垂直向下用力，放松时掌根不要离开胸壁，按压深度 4 ～ 5 厘米，按压频率为每分钟 100 次，按压与吹气的比例为 30∶2。

如伤员出现以下征兆时，表明心肺复苏有效：

（1）瞳孔由大变小；

（2）面色（口唇）由发绀转为红润；

（3）恢复可探知的动脉搏动、自主呼吸；

（4）伤员眼球能够活动，手脚抽动、呻吟。

第四节　常用消防逃生器材

建筑火灾逃生避难器材是在发生建筑火灾的情况下，遇险人员逃离火场时所使用的辅助逃生器材。它是对建筑物内应急疏散通道的必要补充。火灾发生后，正确使用逃生器材有利于安全、快速地逃离火场。

一、消防逃生器材的范围与分类

（一）范围

常用的消防逃生器材包括逃生缓降器、逃生梯、逃生滑道、应急逃生器、逃生绳、自救呼吸器等。

1. 逃生缓降器是一种使用者靠自重以一定的速度自动下降并能往复使用的逃生器材。

2. 逃生梯是垂直外挂在建筑物外帮助火场人员离开着火建筑的辅助逃生器材，分为固定式逃生梯和悬挂式逃生梯。

3. 逃生滑道是指使用者靠自重以一定的速度下滑逃生的一种柔性通道。

4. 应急逃生器：使用者靠自重以一定的速度下降且具有刹停功能的一次性使用的逃生器材。

5. 逃生绳：供使用者手握滑降逃生的纤维绳索。

6. 自救呼吸器：消防过滤式自救呼吸器和化学氧消防自救呼吸器的统称。

（二）按器材结构分类

1. 绳索类：如逃生缓降器、应急逃生器、逃生绳；

2. 滑道类：如逃生滑道；

3. 梯类：如固定式逃生梯、悬挂式逃生梯；

4. 呼吸器类：如消防过滤式自救呼吸器、化学氧消防自救呼吸器。

（三）按器材工作方式分类

1. 单人逃生类：如逃生缓降器、应急逃生器、逃生绳、悬挂式逃生梯、消防过滤式自救呼吸器、化学氧消防自救呼吸器等；

2. 多人逃生类：如逃生滑道、固定式逃生梯等。

二、逃生缓降器

（一）功能及适用

逃生缓降器（如图 6-1 所示）是高层建筑的下滑自救器具，由于其操作简单，下滑平稳，是目前应用最广泛的辅助疏散逃生产品。逃生缓降器由挂钩（或吊环）、吊带、绳索及速度控制等组成，使用者靠自重以一定的速度自动下降，通过制动机构可以控制缓降绳索的下降速度，让使用者在保持一定速度平衡的前提下，安全地缓降至地面。逃生缓降器可用专用安装器具安装在建筑物窗口、阳台或楼房平顶等处，可循环使用；也可安装在举高消防车上，营救处于高层建筑物火场中的被困人员。

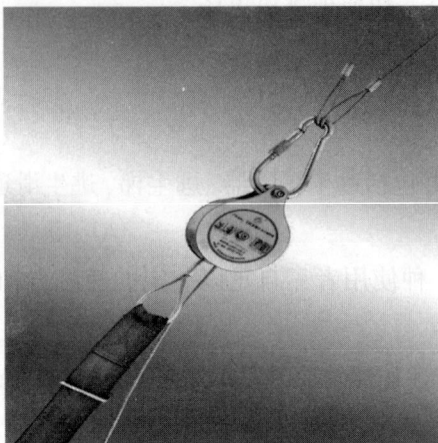

图 6-1 逃生缓降器

（二）操作使用

逃生缓降器主要针对普通家庭和个人使用，使用者先将挂钩挂在室内窗户、固定支架、水暖管道等可以承重的物体上，把垫子放在绳子和楼房结构中间，以防自救绳磨损；疏散人员穿戴好安全带和防护手套后，将绑带系在人体腰部并勒紧锁扣，从窗口或阳台跨出；把救生器悬于楼外，将绳盘抛至楼下，然后一手握套筒，一手拉住由缓降器下引出的自救绳开始下滑；可用放松或拉紧自救绳的方法控制速度，放松为正常下滑速度，拉紧为减速直到停止；第一个人滑到地面后，绳索另一端的安全吊带升至救生器悬挂处，第二个人方可开始使用，依此往复，连续使用。注意下降过程中，逃生者不可摆动身体，以防缓降器自锁装置开启，停止下降。

三、悬挂式逃生梯

（一）功能及适用

悬挂式逃生梯又称逃生软梯，是展开后悬挂在建筑物外墙上供使用者自行攀爬逃生的一种软梯，如图 6-2 所示。主要由钢制梯钩、边索、踏板和撑脚组成。梯钩是使悬挂梯紧固在建筑物上的金属构件；边索由钢丝绳、钢质链条或阻燃型纤维编织带等制成；踏板由直径不小于 20 毫米的圆管或截面积相同的方管制成，表面刻有防滑功能条纹；撑脚的作用是使悬挂式逃生梯能与墙体保持一定距离，以便于攀爬，整梯可收藏在包装袋内。悬挂式逃生梯主要适合 6 层及 6 层以下的逃生使用。

图 6-2 悬挂式逃生梯

（二）操作使用

使用悬挂式逃生梯时，根据楼层高度和实际需要选择主梯或加挂副梯。将窗户打开后，把梯钩安放在窗台上，同时要把两只安全钩挂在附近牢固的物体上；挂好后可以使劲拉悬挂式逃生梯测试稳固度，然后把梯体向外垂放，让软梯与地面垂直，形成一条垂直的救生通道。

在使用悬挂式逃生梯沿梯而下时，注意手与脚的用力要保持适中，身体要紧贴梯子，以防换手时软梯的偏转和摇动导致坠落。两手不可以同时松开，同时松开后容易脱手造成坠落伤亡。

四、逃生滑道

（一）功能及适用

逃生滑道分为内外三层，外层防火，中层抗热辐射隔烟，内层导滑，每层均为高抗拉力并经静电处理的布管，内于适当的位置装置有特殊橡胶漏斗状环带。橡胶漏斗环带具有松紧性，在人的身体经过时产生一定的阻力缓冲，所以此环带具有缓降效果，约以每秒 1 米的速度安全降下。

逃生滑道可依建筑物的高度设计逃生滑道的长度，适用于 60 米高度内的任何场所、任何建筑物。逃生滑道操作方便，不限使用人数，老弱妇孺均可使用；有 4

条支撑带，可防止逃生滑道在火场被大风吹动打转；每隔约 70 厘米就会设置一直径 60 厘米的圆不锈钢圈，用于保护逃生者的安全；每隔 3 ~ 5 秒下降一人，可连续逃生；外部用防火材料制成，逃生时可延缓火舌侵袭；逃生时逃生者看不到地面景物，无恐惧感；占地小，使用时不用电力，操作简便，安全性高。

（二）操作使用

柔性逃生滑道是一种快速高效的高层建筑逃生设施，在救助伤病员方面有绝对的优势。逃生者可以多人连续进入滑道快速逃生，适合集体逃生。下滑过程中，人体可以依靠摩擦力控制来限制下降速度，撑开膝盖和胳膊肘就能减速。逃生者可自我控制在柔性逃生滑道中的下滑速度，一般的下滑速度为每秒 1 ~ 3 米。

五、消防逃生绳

（一）功能

逃生绳的安全性不如其他逃生避难器材，但也是火灾逃生中实用工具之一。如果受到火势直接威胁，必须立即脱离，又无路可逃时，可从窗口处使用消防逃生绳快速逃生。专用的逃生绳由绳包、绳索和安全钩等组成。系在绳索一端绳环上的安全钩可供使用者钩挂固定点，也可将另一端绳索环绕立柱等大型建筑构件后穿过安全钩进行快速绑扎，使用者手握绳索滑降逃生。绳包主要起日常收纳储存作用，紧急情况下也可用作绳索经过窗框等锐面的保护垫。

（二）使用方法

第一步：首先要找到坚固的固定物，将绳子打好结绑在固定物上（例如柱子、栏杆、窗户的边框等），要确定固定物是否牢固。将绳子拴在室内的重物、桌子腿、牢固的窗等可以承重的地方，将人吊下或慢慢自行滑下，下落时可戴手套，如无手套用衣服、毛巾等代替，以防绳索将手勒伤。

第二步：系好安全带和 8 字环、挂扣相连接。将绳索从大孔伸出来，再把绳索绕过小环，打开主锁的钩门，将 8 字环的小环挂进主锁。

第三步：检查并确认各个环节安全无误后，将逃生绳扔至窗户外，然后沿着墙面下降。消防逃生绳的使用方法步骤如图 6-3 所示。

（三）注意事项

消防逃生绳使用挠性钢丝绳制作而成，不仅本身强度高，而且不易骤然整根折断。外层使用大化纤材料编织而成，紧密不脱落、不抽丝，让整条绳子更加牢固。消防逃生绳表面均有阻燃剂，在高温燃烧下不容易烧断，具有耐火、耐高温性。

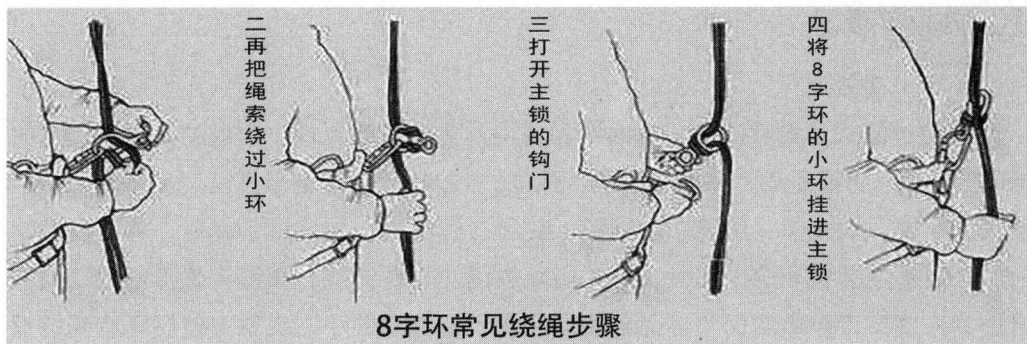

8字环常见绕绳步骤

图 6-3 消防逃生绳

六、救生气垫

（一）功能

救生气垫，又称安全气垫，是一种高空逃生的救生设备，采用具有阻燃性能的高强纤维材料制成，阻燃，耐磨，耐老化，充气时间短，缓冲效果显著，操作方便，使用安全可靠，是消防救援队常用的高空救援装备。如图 6-4 所示。

（二）使用方法

使用救生气垫逃生时还要注意以下四点：

1. 跳下时最好选择能够垂直落地的位置，避免被倾斜的建筑擦伤。

2. 跳下时要背部朝下，尽量向气垫中心位置跳。

3. 下跳时最好是一个人跳完后另一个人再跳，避免两个人造成压伤。

图 6-4 救生气垫使用方法

4. 据测试，距地面 15 米至 20 米是救生气垫逃生的极限（约 6 层楼以下），超过此限高极易因冲击力或无法精准落在气垫上而造成伤亡。比较安全的距离是最好不超过 3 层楼。

七、自救呼吸器

（一）功能

消防过滤式自救呼吸器，由面罩和滤毒盒（或过滤元件）组成，是火灾逃生时佩戴的防烟、防毒面具，因此也称逃生面具。自救呼吸器配备于宾馆、饭店、办公楼、商场、学校、幼儿园、医院、影剧院、餐厅、公寓楼、住宅楼等场所，为突发火灾时的必要逃生装备。逃生面具头罩是由阻燃隔热材料制成，眼窗为弧形结构，使视野更为广阔，口鼻罩曲面与颜面部吻合严密，漏气系数小。头罩上使用了特殊的反光材料，增强了火场的识别能力。滤毒罐可有效地防护由于各种材料燃烧而产生的有毒有害气体和烟气，特别对一氧化碳等有毒有害气体有很好的防护功能。如图 6-5 所示。

图 6-5 逃生面具

（二）使用方法

1. 打开包装盒并取出呼吸器头罩。

2. 拔掉滤毒罐前孔和后孔的两个红色橡胶塞。

3. 将头罩戴进头部，向下拉至颈部，滤毒罐应置于鼻子的前面。

4. 拉紧头带，妥当地包住头部。平静地深呼吸，并选择通往紧急出口最安全的路线逃生，或规避危险等待救援。如图 6-6 所示。

图 6-6 逃生面具使用方法

（三）注意事项

1. 一般来说，此面具只能一次性使用，并且只能是个人使用。

2. 毒气通过滤毒罐后，吸气温度将会上升，这是正常的现象，此时一定不能摘下呼吸器。

3. 逃生面具保存环境：环境温度应为 0 ~ 40℃，通风应良好，无雨淋及潮气侵蚀。

4. 放好一次性逃生面具后最好不要随便移动，否则容易因损坏而失效。

5. 氧气含量太低时，即氧气浓度低于 17% 时，不能使用逃生面具，因为面具本身不能生成氧气。

6. 一般适用于成年人，儿童使用时容易发生事故。

7. 如果逃生面具是真空包装，一经撕破，只能当时使用，不能再次存放使用。

第五节　灭火与应急疏散演练

《中华人民共和国消防法》明确将"制定灭火与应急疏散预案，并组织消防演练"，作为机关、团体、企业、事业单位应履行的消防安全职责之一。因此，制定灭火与应急疏散预案并定期组织演练是学校消防安全管理基本内容，也是法定职责。

一、灭火与应急疏散演练的意义

《中国人民共和国消防法》要求社会各单位制定预案并组织进行演练，就是为了在单位面临突发火灾事故时，能快速正确地作出应急反应，实现统一指挥，避免火灾现场的慌乱无序，充分合理地发挥人力和消防设施、器材等资源的作用，紧张、有序、快速地组织引导受火灾威胁的人员安全疏散，控制和扑灭火灾，最大限度地避免或减少人员伤亡和财产损失。同时，制定预案和组织进行演练的过程，也是对单位全体人员进行消防安全宣传教育的过程，有利于提高单位全面落实消防安全措施，提高自防自救能力。因此，制定火场疏散预案并组织进行演练意义重大。

二、灭火与应急疏散预案的制定

灭火与应急疏散预案是针对可能发生的重大火灾事故预先制定的有关计划或行动方案。它是在辨识和评估潜在的重大火险、火灾发生的可能性及发生过程、后果及影响的严重程度的基础上，对应急机构职责、人员、技术、装备、设施、物资、救援行动及其指挥与协调等方面预先做出的具体安排。

（一）预案制定的方法与步骤

1. 成立预案编制组织

根据学校各部门或场所的使用性质，抽调有关专业人员，组成预案编制小组，对各部门的具体职责和衔接环节进行讨论和协调，切合实际、科学合理地制定预案。

2. 全面了解和掌握学校的基本情况

编制人员应全面了解和掌握学校的整体布局、各个建筑场所的耐火等级、防火分区、使用性质、火灾危险性、人员数量以及疏散设施、防排烟设施、消防设施器材等情况，绘制总平面布局图和单体建筑场所平面布局网，标明有关消防安全状况。

3. 突出重点，逐个制定

对具有火灾危险性的消防安全重点部位和人员密集建筑场所，要逐个研究制定预案。对形式相同且使用性质相同的建筑场所，可制定一个通用的预案。

4. 对预案进行论证和模拟演练

预案制定后,应组织有关部门、有关人员进行论证,并组织进行必要的模拟演练。

针对演练过程中存在的问题，进一步完善后，由学校负责人审定发布。

（二）火场疏散预案的主要内容

1. 单位的基本情况

（1）建筑物的位置、周边情况，与火灾相关的环境、道路、水源等情况。建筑内消防设施、灭火器材情况，志愿消防队人员及装备配备情况。统计单位各场所的安全出口数量和出口形式等。

（2）场所内的危险源情况，确定可能发生火灾的部位。对容易发生火灾或一旦发生火灾可能危及人身和财产安全以及对消防安全有重大影响的部位确定为消防安全重点部位，并分析其火灾危险，指导火场疏散预案的制定。

2. 消防组织机构

成立以防火安全责任人为首的防火安全小组和消防组织，并根据不同的职责划分为现场指挥组、灭火行动组、通信联络组、疏散引导组、警戒救护组及其他必要的小组。

（1）现场指挥组：由学校负责人和值班负责人、保安及消防安全重点部位负责人组成。负责组织各组力量，布置应急疏散、安全防护救护、通信联络、警戒等任务，检查落实情况。

（2）灭火行动组：由消防控制室人员、保安（消防）队员、重点部位人员组成。负责初期火灾扑救及消防设施的操作。

（3）疏散引导组：由各部位的服务人员组成。负责紧急情况下现场人员、物资的疏散引导等任务。

（4）警戒救护组：由保安、医务、部分服务人员组成。负责火场安全警戒工作，维持火场秩序，保护火灾现场，防止物资丢失，并负责受伤人员的救护工作。

（5）通信联络组：由消防控制室和行政、服务人员组成。负责火灾报警、火场联络、接应消防车。

3. 火灾险情的设定

（1）火灾发生的部位；

（2）火灾的规模；

（3）火灾的危害程度，包括受火灾威胁的人员数量、区域，有无液体、气体泄漏的危险，有无爆炸的危险，有无人员触电的危险，有无建筑物倒塌的危险等。

4. 应急疏散的组织程序和措施

（1）报告火警

应明确发出火灾警报的对象和顺序。单位消防控制室接到火灾报警讯号后，应以最快的方式确认。确认火灾后，一般情况下应迅速拨打"119"火警电话向消防队报警，并及时向单位负责人报告。同时应立即启动火灾应急广播系统，按疏散顺序规定，依次通知有关楼层、区域的人员紧急疏散，并迅速通知有关部门和人员组织实施灭火和应急疏散。

（2）确定科学的疏散路线

在制定火场疏散预案时，要根据起火部位和建筑的特点，确定出烟气流动的路线，并结合人员的分布情况，制定火灾情况下的安全疏散路线，绘制各类情况下的安全疏散平面图，负责疏散引导的人员要牢记各种疏散方案，正确引导疏散。

（3）确定初起火灾扑救方案

初起火灾早扑救，消防设施、器材附近的员工使用消火栓、灭火器等设施灭火，单位消防控制室或微型消防站要在3分钟内形成灭火力量，开展灭火。

5. 警戒救护

应明确警戒设施、标志的种类、数量，警戒实施的时间、范围；防护救护所需要的人员、车辆、器材及数量，对中毒、窒息、烧伤、砸（摔）伤、触电等伤者的现场救护措施等。

6. 通信联络

应明确通信联络器材的种类和数量，指挥部与各队（组）的联络方法等。

（三）预案制定的要求

1. 系统性

系统性是指预案的制定过程应将可能出现的灾害表现形态、变化过程作为一个完整体系进行综合考察和分析，确定可能出现的情况，有针对性地提出相应对策，以保证灭火和应急疏散预案的完整性。同时，预案要从系统的安全出发，充分考虑与系统安全有关联的各种要素，形成一个灭火与人员疏散体系，发挥系统中各个子系统的功能，取得最佳的灭火和疏散效果。

2. 全面性

全面性是指预案必须多方设想，周密分析，全面安排，对于一旦发生火灾可能影响的全部细节、区域或部位都要充分考虑，以确保消防预案的全面性。如果预案不全面，火场上一旦出现预案中未能规范的情形，轻则会导致恐慌、混乱、无措等局面，重则贻误战机、丧失机会，给灭火和安全疏散带来困难。

3. 针对性

针对性是指预案必须结合学校或场所的火灾特点、客观条件、能力和周边环境等实际情况，在对火灾发生、发展、变化等各种可能性进行初步分析和判断的基础上形成。预设火情切不可凭空想象，漫无边际地推测、猜想，或是直接套用其他单位的演练方案。

4. 可操作性

可操作性是指预案制定要考虑演练现实条件的限制，既要符合火灾发生发展规律，也要遵循客观条件，切实可行。因此，灭火和应急疏散预案必须强调可操作性，火灾应对和疏散措施必须建立在认真的调查研究基础之上，以是否符合实际演练需求为衡量标准，不具有可操作性的方案是毫无意义的。

三、演练的组织与实施

灭火和应急疏散预案演练，是指根据预案规定的内容，在假设火情的情况下，将预案中涉及的所有人员及其组织机构充分动员，按照预案规定的各方职责进行演习，全面检查学校火灾应急处置组织或人员对预案规定的职责和技能的熟悉和掌握程度，与此同时，检测灭火和应急疏散预案的实用性和可操作性。《机关、团体、企业、事业单位消防安全管理规定》明确规定："消防安全重点单位应当按照火场疏散预案，至少每半年进行一次演练，并结合实际不断完善预案。其他单位应当结合本单位实际，至少每年组织一次演练。"

（一）预案演练的作用

预案演练的目的是通过演练使预案被熟悉，同时不断积累经验，完善和改进预案，使之能够更符合客观实际情况。具体作用主要表现为四个方面：一是促进参战人员对预案内容的熟悉掌握；二是提高各部门参战人员联合处警的能力；三是检验平时消防教育培训效果；四是锻炼火灾时应急处置的心理素质。

（二）预案演练的程序

预案演练一般有两个阶段：一是演练的准备阶段；二是演练的实施阶段。每个阶段都需根据程序要求全面开展相应的工作。

1. 预案演练的准备阶段

（1）建立演练领导机构。演练领导机构是演练准备与实施的指挥部门，对演练实施全面控制，其主要职责是：确定演练目的、原则、规模、参演的单位；确定演练的性质和方法；选定演练的时间和地点；规定演练的时间尺度和公众的参与程度；协调各参演单位之间的关系；确定演练实施计划、情况设计与处置预案；审定演练准备工作计划、导演和调理计划及其他有关重要文件；检查与指导演练准备工作，解决准备与实施过程中所发生的重大问题；组织演练；总结评价。

（2）明确演练指挥与协调人员。演练指挥与协调人员通常参与全部的准备工作。其主要职责是：根据演练目的，制定演练目标，选择演练场地，进行演练具体设计；制定演练进程计划，进行总体情况的构筑，拟制导演和调理计划、演练组织与准备工作计划等；指导参演单位按演练要求进行演前训练，组织导演部分人员开展活动；提出演练所需的通信、技术、物资器材、生活用品等项目清单及经费申请；组织与指导参演单位预演，从中发现问题，并加以纠正；指导演练实施，组织参演单位的演练总结与评价，并进行评估，提出演练成败的结论性报告；对预案的修改和完善提供决策性的建议。

（3）编写演练文件。演练中所需的各类文件是组织与实施演练的基本依据。不同性质、规模的演习，需要编写的文件不同。有关文件大体包括：演练准备工作计划、演练实施（进程）计划、情况设计方案、处置方案示例、各种保障计划等。演练文件必须符合演练目的和要求，力求简明和实用。

2. 演练的实施阶段

（1）演练情况介绍。演练开始前，根据需要，演练领导机构应进行组织情况介绍。其内容主要包括：演练的性质与规模；事故情况设定的主要考虑；演练开始时间及持续时间的估计；对非参演人员的安排；导演、调理人员及演练人员的识别；为保证演练不被误认为真实事故而应采取的措施；演练期间，一旦发生真实事故，应采取的具体措施等。

（2）演练实施。模拟初起火灾发生，相关人员应当迅速启动灭火预案，通知相关人员到场，在最短的时间内形成灭火应急力量，并按预案组织实施。通信联络组按照灭火和应急疏散预案要求通知员工赶赴火场，与公安消防队保持联络，向火场指挥员报告火灾情况，将火场指挥员的指令下达有关员工；灭火行动组要根据火灾情况使用本单位的消防设施、器材，扑救初起火灾；疏散引导组按分工通知、引导现场人员疏散；安全救护组要负责协助抢救、护送受伤人员；现场警戒组要阻止无关人员进入火场，维持火场秩序。

演练实施中，总指挥应注意控制演练态势，把握演练节奏，不要干预各种细节，注意的重心应放在协调演练与实际应急可能行动之间的关系上；从演练效果出发，发挥整体效能，提高演练效率。按照总指挥要求，协调者应指导参演者正确处置情况，坚持因势利导，以情况诱导为主，行政干预为辅；协调人员应抓住调理重点，灵活地处理参演部门出现的问题，及时向导演提供必要的情况和建议。

（3）演练结束，清理整顿。各参演部门应按统一规定的信号或指示停止演练动作。在演练宣布结束后，按计划清点人数，检查器材，查明有无伤病人员，并迅速进行适当处理。演练保障组织负责清理演练现场，尽快撤出保障器材，尤其要仔细查明危险品的清除情况，决不允许任何可能导致人员伤害的物品遗留在演练现场。

（4）演练评价，修改预案。对演练进行评价的依据主要有：演习总指挥和协调人员的记录及评价，消防机构有关专家的意见，参演人员的自我评估，上级领导与机关的指示等。评价范围应包括演练组织者、参演的所有单位、演练保障单位等。

评价可参照演练计划中所规定的各项具体指标进行，最后根据演练的总目标，得出总的评价结论。通过演练，对预案中暴露出来的问题要充分讨论，找出切实可行的解决办法，并补充到预案中去，使预案得到充实和完善。

（三）演练注意事项

1. 演练准备。列入火场疏散预案组织机构的成员，要熟悉预案内容，明确个人职责分工，根据分工掌握相关的消防知识和技能，熟悉重点部位和相关的消防设施情况。必要时，对相关人员进行消防安全知识和预案内容的教育培训，使其掌握必要的消防知识，明确职责。

2. 演练前，根据演练的时间、地点、方式、范围及内容，设置明显标志并事先告知演练范围内的人员。

3. 演练时，应当设置明显的演练标志并事先告知演练范围内的人员。应急组织机构的成员按照预案要求履行相应职责。疏散人员时保持镇静，避免拥挤，采取正确的防护措施，按预定路线有序撤离，撤离时严禁嬉笑打闹。

4. 演练后，要总结讲评，并作出切合实际的评估，结合评估结果不断完善预案。

思考与讨论题：

1. 火灾现场危险因素有哪些？

2. 火灾现场如何避免疏散拥挤与踩踏？

3. 逃生和自救时如何防止烟热侵害？

4. 结合身边环境，讨论遇到火灾时正确的逃生自救方法及注意事项。

5. 通过学习，制定一份教室或宿舍楼的应急疏散预案，并进行演练。

示例

灭火和应急疏散演练实施方案

（一）演练准备

1. 参演人员及分工

（1）指挥组

总指挥：×××，副总指挥：×××

协调组：×××，×××，×××

（2）灭火行动组

灭火行动一组：×××，×××，×××

灭火行动二组：×××，×××，×××

微型消防站或消防控制室人员：×××，×××

（3）疏散引导组

疏散引导一组：×××，×××，×××

疏散引导二组：×××，×××，×××

疏散引导三组：×××，×××，×××

（4）警戒救护组

警戒组：×××，×××，×××

救护组：×××，×××，×××

（5）通信联络组

报警员：×××，微型消防站或消防控制室人员：×××，×××

2. 器材准备

准备生烟片、通信工具（固定电话、手机、对讲机等）、扩音器、干粉灭火器、警戒器具、毛巾、担架等演练必需的器材。

3. 演练场地

选择一建筑现场作为演练场地，该建筑前应有一定的空间，能满足所有参演人员的集结和演练活动。

4. 场景设置

某建筑三楼×××教室（房间）由于电气短路引起火灾，起火后火势和烟气迅速向走廊和周围房间扩散蔓延，大量人员被困。

（二）演练过程

1. 演练开始

在建筑三楼×××房间施放模拟烟雾（点燃生烟片），营造出火灾突然降临的气氛：断电，应急照明启用，建筑物内的走廊、房间烟气弥漫等。

2. 发出火情警报

（1）报警员利用对讲机向消防控制室报告火情。

（2）消防控制室人员利用固定电话或手机拨打"119"电话向消防队报警。

（3）消防控制室人员开启消防应急广播播报火情，通知着火层、着火层上下楼层人员紧急疏散。

（4）消防控制室人员利用消防应急广播播放预先录制好的录音带或直接播报介绍疏散路线及注意事项。

（5）消防控制室人员利用对讲机向单位负责人报告火情。

3. 初期火灾及烟气控制

（1）消防控制室人员开启防排烟系统、室内消火栓系统和水喷淋系统。

（2）灭火行动一组人员利用室内消火栓扑救初期火灾。

（3）灭火行动二组人员携带干粉灭火器或利用各楼层放置的灭火器材实施初期火灾扑救。

（4）消防控制室人员切断着火层的非消防电源。

4. 火灾现场疏散

（1）疏散引导一组、疏散引导二组、疏散引导三组人员，分别到着火层、着火层以上楼层以及着火层以下楼层实施引导疏散。

（2）疏散引导组人员指导疏散人员用湿毛巾捂住口鼻、弯腰，按预定路线分区域从两侧疏散楼梯有序撤离。

（3）在疏散路线上分段安排专门人员维持疏散秩序、指明疏散方向。

（4）利用扩音器喊话，稳定人员情绪。

（5）疏散完毕后，疏散引导组人员再在楼内检查一遍，确认无滞留人员后马上自行疏散。

5. 现场警戒救护

（1）警戒组人员对建筑各主要出口、重要部位进行警戒，阻止无关人员进出。

（2）疏散引导组人员发现受伤人员后，通知救护组救护。

（3）救护组从楼内扶出受伤的人员，并对伤者的受伤部位做简单处理，再交120救护医生抢救。

6. 演练结束

所有参演人员集合，清点人数，清点演练器材，总指挥讲评，宣布演练结束。

附录 1

《中华人民共和国消防法》

（1998 年 4 月 29 日第九届全国人民代表大会常务委员会第二次会议通过 2008 年 10 月 28 日第十一届全国人民代表大会常务委员会第五次会议修订 根据 2019 年 4 月 23 日第十三届全国人民代表大会常务委员会第十次会议《关于修改〈中华人民共和国建筑法〉等八部法律的决定》修正）

目　　录

第一章　总　　则

第一条　为了预防火灾和减少火灾危害，加强应急救援工作，保护人身、财产安全，维护公共安全，制定本法。

第二条　消防工作贯彻预防为主、防消结合的方针，按照政府统一领导、部门依法监管、单位全面负责、公民积极参与的原则，实行消防安全责任制，建立健全社会化的消防工作网络。

第三条　国务院领导全国的消防工作。地方各级人民政府负责本行政区域内的消防工作。

各级人民政府应当将消防工作纳入国民经济和社会发展计划，保障消防工作与经济社会发展相适应。

第四条　国务院应急管理部门对全国的消防工作实施监督管理。县级以上地方人民政府应急管理部门对本行政区域内的消防工作实施监督管理，并由本级人民政府消防救援机构负责实施。军事设施的消防工作，由其主管单位监督管理，消防救援机构协助；矿井地下部分、核电厂、海上石油天然气设施的消防工作，由其主管单位监督管理。

县级以上人民政府其他有关部门在各自的职责范围内，依照本法和其他相关法律、法规的规定做好消防工作。

法律、行政法规对森林、草原的消防工作另有规定的，从其规定。

第五条　任何单位和个人都有维护消防安全、保护消防设施、预防火灾、报告火警的义务。任何单位和成年人都有参加有组织的灭火工作的义务。

第六条　各级人民政府应当组织开展经常性的消防宣传教育，提高公民的消防安全意识。

机关、团体、企业、事业等单位，应当加强对本单位人员的消防宣传教育。

应急管理部门及消防救援机构应当加强消防法律、法规的宣传，并督促、指导、协助有关单位做好消防宣传教育工作。

教育、人力资源行政主管部门和学校、有关职业培训机构应当将消防知识纳入教育、教学、培训的内容。

新闻、广播、电视等有关单位，应当有针对性地面向社会进行消防宣传教育。

工会、共产主义青年团、妇女联合会等团体应当结合各自工作对象的特点，组织开展消防宣传教育。

村民委员会、居民委员会应当协助人民政府以及公安机关、应急管理等部门，加强消防宣传教育。

第七条　国家鼓励、支持消防科学研究和技术创新，推广使用先进的消防和应急救援技术、设备；鼓励、支持社会力量开展消防公益活动。

对在消防工作中有突出贡献的单位和个人，应当按照国家有关规定给予表彰和奖励。

第二章　火灾预防

第八条　地方各级人民政府应当将包括消防安全布局、消防站、消防供水、消防通信、消防车通道、消防装备等内容的消防规划纳入城乡规划，并负责组织实施。

城乡消防安全布局不符合消防安全要求的，应当调整、完善；公共消防设施、消防装备不足或者不适应实际需要的，应当增建、改建、配置或者进行技术改造。

第九条　建设工程的消防设计、施工必须符合国家工程建设消防技术标准。建设、设计、施工、工程监理等单位依法对建设工程的消防设计、施工质量负责。

第十条　对按照国家工程建设消防技术标准需要进行消防设计的建设工程，实行建设工程消防设计审查验收制度。

第十一条　国务院住房和城乡建设主管部门规定的特殊建设工程，建设单位应当将消防设计文件报送住房和城乡建设主管部门审查，住房和城乡建设主管部门依法对审查的结果负责。

前款规定以外的其他建设工程，建设单位申请领取施工许可证或者申请批准开工报告时应当提供满足施工需要的消防设计图纸及技术资料。

第十二条 特殊建设工程未经消防设计审查或者审查不合格的，建设单位、施工单位不得施工；其他建设工程，建设单位未提供满足施工需要的消防设计图纸及技术资料的，有关部门不得发放施工许可证或者批准开工报告。

第十三条 国务院住房和城乡建设主管部门规定应当申请消防验收的建设工程竣工，建设单位应当向住房和城乡建设主管部门申请消防验收。

前款规定以外的其他建设工程，建设单位在验收后应当报住房和城乡建设主管部门备案，住房和城乡建设主管部门应当进行抽查。

依法应当进行消防验收的建设工程，未经消防验收或者消防验收不合格的，禁止投入使用；其他建设工程经依法抽查不合格的，应当停止使用。

第十四条 建设工程消防设计审查、消防验收、备案和抽查的具体办法，由国务院住房和城乡建设主管部门规定。

第十五条 公众聚集场所在投入使用、营业前，建设单位或者使用单位应当向场所所在地的县级以上地方人民政府消防救援机构申请消防安全检查。

消防救援机构应当自受理申请之日起十个工作日内，根据消防技术标准和管理规定，对该场所进行消防安全检查。未经消防安全检查或者经检查不符合消防安全要求的，不得投入使用、营业。

第十六条 机关、团体、企业、事业等单位应当履行下列消防安全职责：

（一）落实消防安全责任制，制定本单位的消防安全制度、消防安全操作规程，制定灭火和应急疏散预案；

（二）按照国家标准、行业标准配置消防设施、器材，设置消防安全标志，并定期组织检验、维修，确保完好有效；

（三）对建筑消防设施每年至少进行一次全面检测，确保完好有效，检测记录应当完整准确，存档备查；

（四）保障疏散通道、安全出口、消防车通道畅通，保证防火防烟分区、防火间距符合消防技术标准；

（五）组织防火检查，及时消除火灾隐患；

（六）组织进行有针对性的消防演练；

（七）法律、法规规定的其他消防安全职责。

单位的主要负责人是本单位的消防安全责任人。

第十七条 县级以上地方人民政府消防救援机构应当将发生火灾可能性较大以及发生火灾可能造成重大的人身伤亡或者财产损失的单位，确定为本行政区域内的消防安全重点单位，并由应急管理部门报本级人民政府备案。

消防安全重点单位除应当履行本法第十六条规定的职责外，还应当履行下列消防安全职责：

（一）确定消防安全管理人，组织实施本单位的消防安全管理工作；

（二）建立消防档案，确定消防安全重点部位，设置防火标志，实行严格管理；

（三）实行每日防火巡查，并建立巡查记录；

（四）对职工进行岗前消防安全培训，定期组织消防安全培训和消防演练。

第十八条　同一建筑物由两个以上单位管理或者使用的，应当明确各方的消防安全责任，并确定责任人对共用的疏散通道、安全出口、建筑消防设施和消防车通道进行统一管理。

住宅区的物业服务企业应当对管理区域内的共用消防设施进行维护管理，提供消防安全防范服务。

第十九条　生产、储存、经营易燃易爆危险品的场所不得与居住场所设置在同一建筑物内，并应当与居住场所保持安全距离。

生产、储存、经营其他物品的场所与居住场所设置在同一建筑物内的，应当符合国家工程建设消防技术标准。

第二十条　举办大型群众性活动，承办人应当依法向公安机关申请安全许可，制定灭火和应急疏散预案并组织演练，明确消防安全责任分工，确定消防安全管理人员，保持消防设施和消防器材配置齐全、完好有效，保证疏散通道、安全出口、疏散指示标志、应急照明和消防车通道符合消防技术标准和管理规定。

第二十一条　禁止在具有火灾、爆炸危险的场所吸烟、使用明火。因施工等特殊情况需要使用明火作业的，应当按照规定事先办理审批手续，采取相应的消防安全措施；作业人员应当遵守消防安全规定。

进行电焊、气焊等具有火灾危险作业的人员和自动消防系统的操作人员，必须持证上岗，并遵守消防安全操作规程。

第二十二条　生产、储存、装卸易燃易爆危险品的工厂、仓库和专用车站、码头的设置，应当符合消防技术标准。易燃易爆气体和液体的充装站、供应站、调压站，应当设置在符合消防安全要求的位置，并符合防火防爆要求。

已经设置的生产、储存、装卸易燃易爆危险品的工厂、仓库和专用车站、码头，易燃易爆气体和液体的充装站、供应站、调压站，不再符合前款规定的，地方人民政府应当组织、协调有关部门、单位限期解决，消除安全隐患。

第二十三条　生产、储存、运输、销售、使用、销毁易燃易爆危险品，必须执行消防技术标准和管理规定。

进入生产、储存易燃易爆危险品的场所，必须执行消防安全规定。禁止非法携带易燃易爆危险品进入公共场所或者乘坐公共交通工具。

储存可燃物资仓库的管理，必须执行消防技术标准和管理规定。

第二十四条 消防产品必须符合国家标准；没有国家标准的，必须符合行业标准。禁止生产、销售或者使用不合格的消防产品以及国家明令淘汰的消防产品。

依法实行强制性产品认证的消防产品，由具有法定资质的认证机构按照国家标准、行业标准的强制性要求认证合格后，方可生产、销售、使用。实行强制性产品认证的消防产品目录，由国务院产品质量监督部门会同国务院应急管理部门制定并公布。

新研制的尚未制定国家标准、行业标准的消防产品，应当按照国务院产品质量监督部门会同国务院应急管理部门规定的办法，经技术鉴定符合消防安全要求的，方可生产、销售、使用。

依照本条规定经强制性产品认证合格或者技术鉴定合格的消防产品，国务院应急管理部门应当予以公布。

第二十五条 产品质量监督部门、工商行政管理部门、消防救援机构应当按照各自职责加强对消防产品质量的监督检查。

第二十六条 建筑构件、建筑材料和室内装修、装饰材料的防火性能必须符合国家标准；没有国家标准的，必须符合行业标准。

人员密集场所室内装修、装饰，应当按照消防技术标准的要求，使用不燃、难燃材料。

第二十七条 电器产品、燃气用具的产品标准，应当符合消防安全的要求。

电器产品、燃气用具的安装、使用及其线路、管路的设计、敷设、维护保养、检测，必须符合消防技术标准和管理规定。

第二十八条 任何单位、个人不得损坏、挪用或者擅自拆除、停用消防设施、器材，不得埋压、圈占、遮挡消火栓或者占用防火间距，不得占用、堵塞、封闭疏散通道、安全出口、消防车通道。人员密集场所的门窗不得设置影响逃生和灭火救援的障碍物。

第二十九条 负责公共消防设施维护管理的单位，应当保持消防供水、消防通信、消防车通道等公共消防设施的完好有效。在修建道路以及停电、停水、截断通信线路时有可能影响消防队灭火救援的，有关单位必须事先通知当地消防救援机构。

第三十条 地方各级人民政府应当加强对农村消防工作的领导，采取措施加强公共消防设施建设，组织建立和督促落实消防安全责任制。

第三十一条 在农业收获季节、森林和草原防火期间、重大节假日期间以及火灾多发季节，地方各级人民政府应当组织开展有针对性的消防宣传教育，采取防火措施，进行消防安全检查。

第三十二条 乡镇人民政府、城市街道办事处应当指导、支持和帮助村民委员会、居民委员会开展群众性的消防工作。村民委员会、居民委员会应当确定消防安全管理人，组织制定防火安全公约，进行防火安全检查。

第三十三条 国家鼓励、引导公众聚集场所和生产、储存、运输、销售易燃易爆危险品的企业投保火灾公众责任保险；鼓励保险公司承保火灾公众责任保险。

第三十四条 消防产品质量认证、消防设施检测、消防安全监测等消防技术服务机构和执业人员，应当依法获得相应的资质、资格；依照法律、行政法规、国家标准、行业标准和执业准则，接受委托提供消防技术服务，并对服务质量负责。

第三章 消防组织

第三十五条 各级人民政府应当加强消防组织建设，根据经济社会发展的需要，建立多种形式的消防组织，加强消防技术人才培养，增强火灾预防、扑救和应急救援的能力。

第三十六条 县级以上地方人民政府应当按照国家规定建立国家综合性消防救援队、专职消防队，并按照国家标准配备消防装备，承担火灾扑救工作。

乡镇人民政府应当根据当地经济发展和消防工作的需要，建立专职消防队、志愿消防队，承担火灾扑救工作。

第三十七条 国家综合性消防救援队、专职消防队按照国家规定承担重大灾害事故和其他以抢救人员生命为主的应急救援工作。

第三十八条 国家综合性消防救援队、专职消防队应当充分发挥火灾扑救和应急救援专业力量的骨干作用；按照国家规定，组织实施专业技能训练，配备并维护保养装备器材，提高火灾扑救和应急救援的能力。

第三十九条 下列单位应当建立单位专职消防队，承担本单位的火灾扑救工作：

（一）大型核设施单位、大型发电厂、民用机场、主要港口；

（二）生产、储存易燃易爆危险品的大型企业；

（三）储备可燃的重要物资的大型仓库、基地；

（四）第一项、第二项、第三项规定以外的火灾危险性较大、距离国家综合性消防救援队较远的其他大型企业；

（五）距离国家综合性消防救援队较远、被列为全国重点文物保护单位的古建筑群的管理单位。

第四十条 专职消防队的建立，应当符合国家有关规定，并报当地消防救援机构验收。

专职消防队的队员依法享受社会保险和福利待遇。

第四十一条　机关、团体、企业、事业等单位以及村民委员会、居民委员会根据需要，建立志愿消防队等多种形式的消防组织，开展群众性自防自救工作。

第四十二条　消防救援机构应当对专职消防队、志愿消防队等消防组织进行业务指导；根据扑救火灾的需要，可以调动指挥专职消防队参加火灾扑救工作。

第四章　灭火救援

第四十三条　县级以上地方人民政府应当组织有关部门针对本行政区域内的火灾特点制定应急预案，建立应急反应和处置机制，为火灾扑救和应急救援工作提供人员、装备等保障。

第四十四条　任何人发现火灾都应当立即报警。任何单位、个人都应当无偿为报警提供便利，不得阻拦报警。严禁谎报火警。

人员密集场所发生火灾，该场所的现场工作人员应当立即组织、引导在场人员疏散。

任何单位发生火灾，必须立即组织力量扑救。邻近单位应当给予支援。

消防队接到火警，必须立即赶赴火灾现场，救助遇险人员，排除险情，扑灭火灾。

第四十五条　消防救援机构统一组织和指挥火灾现场扑救，应当优先保障遇险人员的生命安全。

火灾现场总指挥根据扑救火灾的需要，有权决定下列事项：

（一）使用各种水源；

（二）截断电力、可燃气体和可燃液体的输送，限制用火用电；

（三）划定警戒区，实行局部交通管制；

（四）利用临近建筑物和有关设施；

（五）为了抢救人员和重要物资，防止火势蔓延，拆除或者破损毗邻火灾现场的建筑物、构筑物或者设施等；

（六）调动供水、供电、供气、通信、医疗救护、交通运输、环境保护等有关单位协助灭火救援。

根据扑救火灾的紧急需要，有关地方人民政府应当组织人员、调集所需物资支援灭火。

第四十六条　国家综合性消防救援队、专职消防队参加火灾以外的其他重大灾害事故的应急救援工作，由县级以上人民政府统一领导。

第四十七条　消防车、消防艇前往执行火灾扑救或者应急救援任务，在确保安全的前提下，不受行驶速度、行驶路线、行驶方向和指挥信号的限制，其他车辆、船舶以及行人应当让行，不得穿插超越；收费公路、桥梁免收车辆通行费。交通管理指挥人员应当保证消防车、消防艇迅速通行。

赶赴火灾现场或者应急救援现场的消防人员和调集的消防装备、物资，需要铁路、水路或者航空运输的，有关单位应当优先运输。

第四十八条　消防车、消防艇以及消防器材、装备和设施，不得用于与消防和应急救援工作无关的事项。

第四十九条　国家综合性消防救援队、专职消防队扑救火灾、应急救援，不得收取任何费用。

单位专职消防队、志愿消防队参加扑救外单位火灾所损耗的燃料、灭火剂和器材、装备等，由火灾发生地的人民政府给予补偿。

第五十条　对因参加扑救火灾或者应急救援受伤、致残或者死亡的人员，按照国家有关规定给予医疗、抚恤。

第五十一条　消防救援机构有权根据需要封闭火灾现场，负责调查火灾原因，统计火灾损失。

火灾扑灭后，发生火灾的单位和相关人员应当按照消防救援机构的要求保护现场，接受事故调查，如实提供与火灾有关的情况。

消防救援机构根据火灾现场勘验、调查情况和有关的检验、鉴定意见，及时制作火灾事故认定书，作为处理火灾事故的证据。

第五章　监督检查

第五十二条　地方各级人民政府应当落实消防工作责任制，对本级人民政府有关部门履行消防安全职责的情况进行监督检查。

县级以上地方人民政府有关部门应当根据本系统的特点，有针对性地开展消防安全检查，及时督促整改火灾隐患。

第五十三条　消防救援机构应当对机关、团体、企业、事业等单位遵守消防法律、法规的情况依法进行监督检查。公安派出所可以负责日常消防监督检查、开展消防宣传教育，具体办法由国务院公安部门规定。

消防救援机构、公安派出所的工作人员进行消防监督检查，应当出示证件。

第五十四条　消防救援机构在消防监督检查中发现火灾隐患的，应当通知有关单位或者个人立即采取措施消除隐患；不及时消除隐患可能严重威胁公共安全的，消防救援机构应当依照规定对危险部位或者场所采取临时查封措施。

第五十五条　消防救援机构在消防监督检查中发现城乡消防安全布局、公共消防设施不符合消防安全要求，或者发现本地区存在影响公共安全的重大火灾隐患的，应当由应急管理部门书面报告本级人民政府。

接到报告的人民政府应当及时核实情况，组织或者责成有关部门、单位采取措施，予以整改。

第五十六条 住房和城乡建设主管部门、消防救援机构及其工作人员应当按照法定的职权和程序进行消防设计审查、消防验收、备案抽查和消防安全检查，做到公正、严格、文明、高效。

住房和城乡建设主管部门、消防救援机构及其工作人员进行消防设计审查、消防验收、备案抽查和消防安全检查等，不得收取费用，不得利用职务谋取利益；不得利用职务为用户、建设单位指定或者变相指定消防产品的品牌、销售单位或者消防技术服务机构、消防设施施工单位。

第五十七条 住房和城乡建设主管部门、消防救援机构及其工作人员执行职务，应当自觉接受社会和公民的监督。

任何单位和个人都有权对住房和城乡建设主管部门、消防救援机构及其工作人员在执法中的违法行为进行检举、控告。收到检举、控告的机关，应当按照职责及时查处。

第六章　法律责任

第五十八条 违反本法规定，有下列行为之一的，由住房和城乡建设主管部门、消防救援机构按照各自职权责令停止施工、停止使用或者停产停业，并处三万元以上三十万元以下罚款：

（一）依法应当进行消防设计审查的建设工程，未经依法审查或者审查不合格，擅自施工的；

（二）依法应当进行消防验收的建设工程，未经消防验收或者消防验收不合格，擅自投入使用的；

（三）本法第十三条规定的其他建设工程验收后经依法抽查不合格，不停止使用的；

（四）公众聚集场所未经消防安全检查或者经检查不符合消防安全要求，擅自投入使用、营业的。

建设单位未依照本法规定在验收后报住房和城乡建设主管部门备案的，由住房和城乡建设主管部门责令改正，处五千元以下罚款。

第五十九条 违反本法规定，有下列行为之一的，由住房和城乡建设主管部门责令改正或者停止施工，并处一万元以上十万元以下罚款：

（一）建设单位要求建筑设计单位或者建筑施工企业降低消防技术标准设计、施工的；

（二）建筑设计单位不按照消防技术标准强制性要求进行消防设计的；

（三）建筑施工企业不按照消防设计文件和消防技术标准施工，降低消防施工质量的；

（四）工程监理单位与建设单位或者建筑施工企业串通，弄虚作假，降低消防施工质量的。

第六十条　单位违反本法规定，有下列行为之一的，责令改正，处五千元以上五万元以下罚款：

（一）消防设施、器材或者消防安全标志的配置、设置不符合国家标准、行业标准，或者未保持完好有效的；

（二）损坏、挪用或者擅自拆除、停用消防设施、器材的；

（三）占用、堵塞、封闭疏散通道、安全出口或者有其他妨碍安全疏散行为的；

（四）埋压、圈占、遮挡消火栓或者占用防火间距的；

（五）占用、堵塞、封闭消防车通道，妨碍消防车通行的；

（六）人员密集场所在门窗上设置影响逃生和灭火救援的障碍物的；

（七）对火灾隐患经消防救援机构通知后不及时采取措施消除的。

个人有前款第二项、第三项、第四项、第五项行为之一的，处警告或者五百元以下罚款。

有本条第一款第三项、第四项、第五项、第六项行为，经责令改正拒不改正的，强制执行，所需费用由违法行为人承担。

第六十一条　生产、储存、经营易燃易爆危险品的场所与居住场所设置在同一建筑物内，或者未与居住场所保持安全距离的，责令停产停业，并处五千元以上五万元以下罚款。

生产、储存、经营其他物品的场所与居住场所设置在同一建筑物内，不符合消防技术标准的，依照前款规定处罚。

第六十二条　有下列行为之一的，依照《中华人民共和国治安管理处罚法》的规定处罚：

（一）违反有关消防技术标准和管理规定生产、储存、运输、销售、使用、销毁易燃易爆危险品的；

（二）非法携带易燃易爆危险品进入公共场所或者乘坐公共交通工具的；

（三）谎报火警的；

（四）阻碍消防车、消防艇执行任务的；

（五）阻碍消防救援机构的工作人员依法执行职务的。

第六十三条　违反本法规定，有下列行为之一的，处警告或者五百元以下罚款；

情节严重的，处五日以下拘留：

（一）违反消防安全规定进入生产、储存易燃易爆危险品场所的；

（二）违反规定使用明火作业或者在具有火灾、爆炸危险的场所吸烟、使用明火的。

第六十四条　违反本法规定，有下列行为之一，尚不构成犯罪的，处十日以上十五日以下拘留，可以并处五百元以下罚款；情节较轻的，处警告或者五百元以下罚款：

（一）指使或者强令他人违反消防安全规定，冒险作业的；

（二）过失引起火灾的；

（三）在火灾发生后阻拦报警，或者负有报告职责的人员不及时报警的；

（四）扰乱火灾现场秩序，或者拒不执行火灾现场指挥员指挥，影响灭火救援的；

（五）故意破坏或者伪造火灾现场的；

（六）擅自拆封或者使用被消防救援机构查封的场所、部位的。

第六十五条　违反本法规定，生产、销售不合格的消防产品或者国家明令淘汰的消防产品的，由产品质量监督部门或者工商行政管理部门依照《中华人民共和国产品质量法》的规定从重处罚。

人员密集场所使用不合格的消防产品或者国家明令淘汰的消防产品的，责令限期改正；逾期不改正的，处五千元以上五万元以下罚款，并对其直接负责的主管人员和其他直接责任人员处五百元以上二千元以下罚款；情节严重的，责令停产停业。

消防救援机构对于本条第二款规定的情形，除依法对使用者予以处罚外，应当将发现不合格的消防产品和国家明令淘汰的消防产品的情况通报产品质量监督部门、工商行政管理部门。产品质量监督部门、工商行政管理部门应当对生产者、销售者依法及时查处。

第六十六条　电器产品、燃气用具的安装、使用及其线路、管路的设计、敷设、维护保养、检测不符合消防技术标准和管理规定的，责令限期改正；逾期不改正的，责令停止使用，可以并处一千元以上五千元以下罚款。

第六十七条　机关、团体、企业、事业等单位违反本法第十六条、第十七条、第十八条、第二十一条第二款规定的，责令限期改正；逾期不改正的，对其直接负责的主管人员和其他直接责任人员依法给予处分或者给予警告处罚。

第六十八条　人员密集场所发生火灾，该场所的现场工作人员不履行组织、引导在场人员疏散的义务，情节严重，尚不构成犯罪的，处五日以上十日以下拘留。

第六十九条　消防产品质量认证、消防设施检测等消防技术服务机构出具虚假文件的，责令改正，处五万元以上十万元以下罚款，并对直接负责的主管人员和其他直接责任人员处一万元以上五万元以下罚款；有违法所得的，并处没收违法所得；给他人造成损失的，依法承担赔偿责任；情节严重的，由原许可机关依法责令停止执业或者吊销相应资质、资格。

前款规定的机构出具失实文件，给他人造成损失的，依法承担赔偿责任；造成重大损失的，由原许可机关依法责令停止执业或者吊销相应资质、资格。

第七十条　本法规定的行政处罚，除应当由公安机关依照《中华人民共和国治安管理处罚法》的有关规定决定的外，由住房和城乡建设主管部门、消防救援机构按照各自职权决定。

被责令停止施工、停止使用、停产停业的，应当在整改后向作出决定的部门或者机构报告，经检查合格，方可恢复施工、使用、生产、经营。

当事人逾期不执行停产停业、停止使用、停止施工决定的，由作出决定的部门或者机构强制执行。

责令停产停业，对经济和社会生活影响较大的，由住房和城乡建设主管部门或者应急管理部门报请本级人民政府依法决定。

第七十一条　住房和城乡建设主管部门、消防救援机构的工作人员滥用职权、玩忽职守、徇私舞弊，有下列行为之一，尚不构成犯罪的，依法给予处分：

（一）对不符合消防安全要求的消防设计文件、建设工程、场所准予审查合格、消防验收合格、消防安全检查合格的；

（二）无故拖延消防设计审查、消防验收、消防安全检查，不在法定期限内履行职责的；

（三）发现火灾隐患不及时通知有关单位或者个人整改的；

（四）利用职务为用户、建设单位指定或者变相指定消防产品的品牌、销售单位或者消防技术服务机构、消防设施施工单位的；

（五）将消防车、消防艇以及消防器材、装备和设施用于与消防和应急救援无关的事项的；

（六）其他滥用职权、玩忽职守、徇私舞弊的行为。

产品质量监督、工商行政管理等其他有关行政主管部门的工作人员在消防工作中滥用职权、玩忽职守、徇私舞弊，尚不构成犯罪的，依法给予处分。

第七十二条　违反本法规定，构成犯罪的，依法追究刑事责任。

第七章　附　则

第七十三条　本法下列用语的含义：

（一）消防设施，是指火灾自动报警系统、自动灭火系统、消火栓系统、防烟排烟系统以及应急广播和应急照明、安全疏散设施等。

（二）消防产品，是指专门用于火灾预防、灭火救援和火灾防护、避难、逃生的产品。

（三）公众聚集场所，是指宾馆、饭店、商场、集贸市场、客运车站候车室、客运码头候船厅、民用机场航站楼、体育场馆、会堂以及公共娱乐场所等。

（四）人员密集场所，是指公众聚集场所，医院的门诊楼、病房楼，学校的教学楼、图书馆、食堂和集体宿舍，养老院，福利院，托儿所，幼儿园，公共图书馆的阅览室，公共展览馆、博物馆的展示厅，劳动密集型企业的生产加工车间和员工集体宿舍，旅游、宗教活动场所等。

第七十四条　本法自 2019 年 5 月 1 日起施行。

附录2

《高等学校消防安全管理规定》

（中华人民共和国教育部　　中华人民共和国公安部　　第 28 号令）

第一章　总　则

第一条　为了加强和规范高等学校的消防安全管理，预防和减少火灾危害，保障师生员工生命财产和学校财产安全，根据消防法、高等教育等法律、法规，制定本规定。

第二条　普通高等学校和成人高等学校（以下简称学校）的消防安全管理，适用本规定。

驻校内其他单位的消防安全管理，按照本规定的有关规定执行。

第三条　学校在消防安全工作中，应当遵守消防法律、法规和规章，贯彻预防为主、防消结合的方针，履行消防安全职责，保障消防安全。

第四条　学校应当落实逐级消防安全责任制和岗位消防安全责任制，明确逐级和岗位消防安全职责，确定各级、各岗位消防安全责任人。

第五条　学校应当开展消防安全教育和培训，加强消防演练，提高师生员工的消防安全意识和自救逃生技能。

第六条　学校各单位和师生员工应当依法履行保护消防设施、预防火灾、报告火警和扑救初起火灾等维护消防安全的义务。

第七条　教育行政部门依法履行对高等学校消防安全工作的管理职责，检查、指导和监督高等学校开展消防安全工作，督促高等学校建立健全并落实消防安全责任制和消防安全管理制度。

公安机关依法履行对高等学校消防安全工作的监督管理职责，加强消防监督检查，指导和监督高等学校做好消防安全工作。

第二章　消防安全责任

第八条　学校法定代表人是学校消防安全责任人，全面负责学校消防安全工作，履行下列消防安全职责：

（一）贯彻落实消防法律、法规和规章，批准实施学校消防安全责任制、学校消防安全管理制度；

（二）批准消防安全年度工作计划、年度经费预算，定期召开学校消防安全工作会议；

（三）提供消防安全经费保障和组织保障；

（四）督促开展消防安全检查和重大火灾隐患整改，及时处理涉及消防安全的重大问题；

（五）依法建立志愿消防队等多种形式的消防组织，开展群众性自防自救工作；

（六）与学校二级单位负责人签订消防安全责任书；

（七）组织制定灭火和应急疏散预案；

（八）促进消防科学研究和技术创新；

（九）法律、法规规定的其他消防安全职责。

第九条　分管学校消防安全的校领导是学校消防安全管理人，协助学校法定代表人负责消防安全工作，履行下列消防安全职责：

（一）组织制定学校消防安全管理制度，组织、实施和协调校内各单位的消防安全工作；

（二）组织制定消防安全年度工作计划；

（三）审核消防安全工作年度经费预算；

（四）组织实施消防安全检查和火灾隐患整改；

（五）督促落实消防设施、器材的维护、维修及检测，确保其完好有效，确保疏散通道、安全出口、消防车通道畅通；

（六）组织管理志愿消防队等消防组织；

（七）组织开展师生员工消防知识、技能的宣传教育和培训，组织灭火和应急疏散预案的实施和演练；

（八）协助学校消防安全责任人做好其他消防安全工作。

其他校领导在分管工作范围内对消防工作负有领导、监督、检查、教育和管理职责。

第十条　学校必须设立或者明确负责日常消防安全工作的机构（以下简称学校消防机构），配备专职消防管理人员，履行下列消防安全职责：

（一）拟订学校消防安全年度工作计划、年度经费预算，拟订学校消防安全责任制、灭火和应急疏散预案等消防安全管理制度，并报学校消防安全责任人批准后实施；

（二）监督检查校内各单位消防安全责任制的落实情况；

（三）监督检查消防设施、设备、器材的使用与管理，以及消防基础设施的运转，定期组织检验、检测和维修；

（四）确定学校消防安全重点单位（部位）并监督指导其做好消防安全工作；

（五）监督检查有关单位做好易燃易爆等危险品的储存、使用和管理工作，审批校内各单位动用明火作业；

（六）开展消防安全教育培训，组织消防演练，普及消防知识，提高师生员工的消防安全意识、扑救初起火灾和自救逃生技能；

（七）定期对志愿消防队等消防组织进行消防知识和灭火技能培训；

（八）推进消防安全技术防范工作，做好技术防范人员上岗培训工作；

（九）受理驻校内其他单位在校内和学校、校内各单位新建、扩建、改建及装饰装修工程和公众聚集场所投入使用、营业前消防行政许可或者备案手续的校内备案审查工作，督促其向公安机关消防机构进行申报，协助公安机关消防机构进行建设工程消防设计审核、消防验收或者备案以及公众聚集场所投入使用、营业前消防安全检查工作；

（十）建立健全学校消防工作档案及消防安全隐患台账；

（十一）按照工作要求上报有关信息数据；

（十二）协助公安机关消防机构调查处理火灾事故，协助有关部门做好火灾事故处理及善后工作。

第十一条　学校二级单位和其他驻校单位应当履行下列消防安全职责：

（一）落实学校的消防安全管理规定，结合本单位实际制定并落实本单位的消防安全制度和消防安全操作规程；

（二）建立本单位的消防安全责任考核、奖惩制度；

（三）开展经常性的消防安全教育、培训及演练；

（四）定期进行防火检查，做好检查记录，及时消除火灾隐患；

（五）按规定配置消防设施、器材并确保其完好有效；

（六）按规定设置安全疏散指示标志和应急照明设施，并保证疏散通道、安全出口畅通；

（七）消防控制室配备消防值班人员，制定值班岗位职责，做好监督检查工作；

（八）新建、扩建、改建及装饰装修工程报学校消防机构备案；

（九）按照规定的程序与措施处置火灾事故；

（十）学校规定的其他消防安全职责。

第十二条　校内各单位主要负责人是本单位消防安全责任人，驻校内其他单位主要负责人是该单位消防安全责任人，负责本单位的消防安全工作。

第十三条　除本规定第十一条外，学生宿舍管理部门还应当履行下列安全管理职责：

（一）建立由学生参加的志愿消防组织，定期进行消防演练；

（二）加强学生宿舍用火、用电安全教育与检查；

（三）加强夜间防火巡查，发现火灾立即组织扑救和疏散学生。

第三章　消防安全管理

第十四条　学校应当将下列单位（部位）列为学校消防安全重点单位（部位）：

（一）学生宿舍、食堂（餐厅）、教学楼、校医院、体育场（馆）、会堂（会议中心）、超市（市场）、宾馆（招待所）、托儿所、幼儿园以及其他文体活动、公共娱乐等人员密集场所；

（二）学校网络、广播电台、电视台等传媒部门和驻校内邮政、通信、金融等单位；

（三）车库、油库、加油站等部位；

（四）图书馆、展览馆、档案馆、博物馆、文物古建筑；

（五）供水、供电、供气、供热等系统；

（六）易燃易爆等危险化学物品的生产、充装、储存、供应、使用部门；

（七）实验室、计算机房、电化教学中心和承担国家重点科研项目或配备有先进精密仪器设备的部位，监控中心、消防控制中心；

（八）学校保密要害部门及部位；

（九）高层建筑及地下室、半地下室；

（十）建设工程的施工现场以及有人员居住的临时性建筑；

（十一）其他发生火灾可能性较大以及一旦发生火灾可能造成重大人身伤亡或者财产损失的单位（部位）。

重点单位和重点部位的主管部门，应当按照有关法律法规和本规定履行消防安全管理职责，设置防火标志，实行严格消防安全管理。

第十五条　在学校内举办文艺、体育、集会、招生和就业咨询等大型活动和展览，主办单位应当确定专人负责消防安全工作，明确并落实消防安全职责和措施，保证消防设施和消防器材配置齐全、完好有效，保证疏散通道、安全出口、疏散指示标志、应急照明和消防车通道符合消防技术标准和管理规定，制定灭火和应急疏散预案并组织演练，并经学校消防机构对活动现场检查合格后方可举办。

依法应当报请当地人民政府有关部门审批的，经有关部门审核同意后方可举办。

第十六条　学校应当按照国家有关规定，配置消防设施和器材，设置消防安全疏散指示标志和应急照明设施，每年组织检测维修，确保消防设施和器材完好有效。

学校应当保障疏散通道、安全出口、消防车通道畅通。

第十七条　学校进行新建、改建、扩建、装修、装饰等活动，必须严格执行消防法规和国家工程建设消防技术标准，并依法办理建设工程消防设计审核、消防验收或者备案手续。学校各项工程及驻校内各单位在校内的各项工程消防设施的招标和验收，应当有学校消防机构参加。

施工单位负责施工现场的消防安全，并接受学校消防机构的监督、检查。竣工后，建筑工程的有关图纸、资料、文件等应当报学校档案机构和消防机构备案。

第十八条　地下室、半地下室和用于生产、经营、储存易燃易爆、有毒有害等危险物品场所的建筑不得用作学生宿舍。

生产、经营、储存其他物品的场所与学生宿舍等居住场所设置在同一建筑物内的，应当符合国家工程建设消防技术标准。

学生宿舍、教室和礼堂等人员密集场所，禁止违规使用大功率电器，在门窗、阳台等部位不得设置影响逃生和灭火救援的障碍物。

第十九条　利用地下空间开设公共活动场所，应当符合国家有关规定，并报学校消防机构备案。

第二十条　学校消防控制室应当配备专职值班人员，持证上岗。

消防控制室不得挪作他用。

第二十一条　学校购买、储存、使用和销毁易燃易爆等危险品，应当按照国家有关规定严格管理、规范操作，并制定应急处置预案和防范措施。

学校对管理和操作易燃易爆等危险品的人员，上岗前必须进行培训，持证上岗。

第二十二条　学校应当对动用明火实行严格的消防安全管理。禁止在具有火灾、爆炸危险的场所吸烟、使用明火；因特殊原因确需进行电、气焊等明火作业的，动火单位和人员应当向学校消防机构申办审批手续，落实现场监管人，采取相应的消防安全措施。作业人员应当遵守消防安全规定。

第二十三条　学校内出租房屋的，当事人应当签订房屋租赁合同，明确消防安全责任。出租方负责对出租房屋的消防安全管理。学校授权的管理单位应当加强监督检查。

外来务工人员的消防安全管理由校内用人单位负责。

第二十四条　发生火灾时，学校应当及时报警并立即启动应急预案，迅速扑救初起火灾，及时疏散人员。

学校应当在火灾事故发生后两个小时内向所在地教育行政主管部门报告。较大以上火灾同时报教育部。

火灾扑灭后，事故单位应当保护现场并接受事故调查，协助公安机关消防机构调查火灾原因、统计火灾损失。未经公安机关消防机构同意，任何人不得擅自清理火灾现场。

第二十五条 学校及其重点单位应当建立健全消防档案。

消防档案应当全面反映消防安全和消防安全管理情况，并根据情况变化及时更新。

第四章 消防安全检查和整改

第二十六条 学校每季度至少进行一次消防安全检查。检查的主要内容包括：

（一）消防安全宣传教育及培训情况；

（二）消防安全制度及责任制落实情况；

（三）消防安全工作档案建立健全情况；

（四）单位防火检查及每日防火巡查落实及记录情况；

（五）火灾隐患和隐患整改及防范措施落实情况；

（六）消防设施、器材配置及完好有效情况；

（七）灭火和应急疏散预案的制定和组织消防演练情况；

（八）其他需要检查的内容。

第二十七条 学校消防安全检查应当填写检查记录，检查人员、被检查单位负责人或者相关人员应当在检查记录上签名，发现火灾隐患应当及时填发《火灾隐患整改通知书》。

第二十八条 校内各单位每月至少进行一次防火检查。检查的主要内容包括：

（一）火灾隐患和隐患整改情况以及防范措施的落实情况；

（二）疏散通道、疏散指示标志、应急照明和安全出口情况；

（三）消防车通道、消防水源情况；

（四）消防设施、器材配置及有效情况；

（五）消防安全标志设置及其完好、有效情况；

（六）用火、用电有无违章情况；

（七）重点工种人员以及其他员工消防知识掌握情况；

（八）消防安全重点单位（部位）管理情况；

（九）易燃易爆危险物品和场所防火防爆措施落实情况以及其他重要物资防火安全情况；

（十）消防（控制室）值班情况和设施、设备运行、记录情况；

（十一）防火巡查落实及记录情况；

（十二）其他需要检查的内容。

防火检查应当填写检查记录。检查人员和被检查部门负责人应当在检查记录上签名。

第二十九条 校内消防安全重点单位（部位）应当进行每日防火巡查，并确定巡查的人员、内容、部位和频次。其他单位可以根据需要组织防火巡查。巡查的内容主要包括：

（一）用火、用电有无违章情况；

（二）安全出口、疏散通道是否畅通，安全疏散指示标志、应急照明是否完好；

（三）消防设施、器材和消防安全标志是否在位、完整；

（四）常闭式防火门是否处于关闭状态，防火卷帘下是否堆放物品影响使用；

（五）消防安全重点部位的人员在岗情况；

（六）其他消防安全情况。

校医院、学生宿舍、公共教室、实验室、文物古建筑等应当加强夜间防火巡查。

防火巡查人员应当及时纠正消防违章行为，妥善处置火灾隐患，无法当场处置的，应当立即报告。发现初起火灾应当立即报警、通知人员疏散、及时扑救。

防火巡查应当填写巡查记录，巡查人员及其主管人员应当在巡查记录上签名。

第三十条 对下列违反消防安全规定的行为，检查、巡查人员应当责成有关人员改正并督促落实：

（一）消防设施、器材或者消防安全标志的配置、设置不符合国家标准、行业标准，或者未保持完好有效的；

（二）损坏、挪用或者擅自拆除、停用消防设施、器材的；

（三）占用、堵塞、封闭消防通道、安全出口的；

（四）埋压、圈占、遮挡消火栓或者占用防火间距的；

（五）占用、堵塞、封闭消防车通道，妨碍消防车通行的；

（六）人员密集场所在门窗上设置影响逃生和灭火救援的障碍物的；

（七）常闭式防火门处于开启状态，防火卷帘下堆放物品影响使用的；

（八）违章进入易燃易爆危险物品生产、储存等场所的；

（九）违章使用明火作业或者在具有火灾、爆炸危险的场所吸烟、使用明火等违反禁令的；

（十）消防设施管理、值班人员和防火巡查人员脱岗的；

（十一）对火灾隐患经公安机关消防机构通知后不及时采取措施消除的；

（十二）其他违反消防安全管理规定的行为。

第三十一条 学校对教育行政主管部门和公安机关消防机构、公安派出所指出的各类火灾隐患，应当及时予以核查、消除。

对公安机关消防机构、公安派出所责令限期改正的火灾隐患，学校应当在规定的期限内整改。

第三十二条　对不能及时消除的火灾隐患，隐患单位应当及时向学校及相关单位的消防安全责任人或者消防安全工作主管领导报告，提出整改方案，确定整改措施、期限以及负责整改的部门、人员，并落实整改资金。

火灾隐患尚未消除的，隐患单位应当落实防范措施，保障消防安全。对于随时可能引发火灾或者一旦发生火灾将严重危及人身安全的，应当将危险部位停止使用或停业整改。

第三十三条　对于涉及城市规划布局等学校无力解决的重大火灾隐患，学校应当及时向其上级主管部门或者当地人民政府报告。

第三十四条　火灾隐患整改完毕，整改单位应当将整改情况记录报送相应的消防安全工作责任人或者消防安全工作主管领导签字确认后存档备查。

第五章　消防安全教育和培训

第三十五条　学校应当将师生员工的消防安全教育和培训纳入学校消防安全年度工作计划。

消防安全教育和培训的主要内容包括：

（一）国家消防工作方针、政策，消防法律、法规；

（二）本单位、本岗位的火灾危险性，火灾预防知识和措施；

（三）有关消防设施的性能、灭火器材的使用方法；

（四）报火警、扑救初起火灾和自救互救技能；

（五）组织、引导在场人员疏散的方法。

第三十六条　学校应当采取下列措施对学生进行消防安全教育，使其了解防火、灭火知识，掌握报警、扑救初起火灾和自救、逃生方法。

（一）开展学生自救、逃生等防火安全常识的模拟演练，每学年至少组织一次学生消防演练；

（二）根据消防安全教育的需要，将消防安全知识纳入教学和培训内容；

（三）对每届新生进行不低于4学时的消防安全教育和培训；

（四）对进入实验室的学生进行必要的安全技能和操作规程培训；

（五）每学年至少举办一次消防安全专题讲座，并在校园网络、广播、校内报刊开设消防安全教育栏目。

第三十七条　学校二级单位应当组织新上岗和进入新岗位的员工进行上岗前的消防安全培训。

消防安全重点单位（部位）对员工每年至少进行一次消防安全培训。

第三十八条　下列人员应当依法接受消防安全培训：

（一）学校及各二级单位的消防安全责任人、消防安全管理人；

（二）专职消防管理人员、学生宿舍管理人员；

（三）消防控制室的值班、操作人员；

（四）其他依照规定应当接受消防安全培训的人员。

前款规定中的第（三）项人员必须持证上岗。

第六章　灭火、应急疏散预案和演练

第三十九条　学校、二级单位、消防安全重点单位（部位）应当制定相应的灭火和应急疏散预案，建立应急反应和处置机制，为火灾扑救和应急救援工作提供人员、装备等保障。

灭火和应急疏散预案应当包括以下内容：

（一）组织机构：指挥协调组、灭火行动组、通信联络组、疏散引导组、安全防护救护组；

（二）报警和接警处置程序；

（三）应急疏散的组织程序和措施；

（四）扑救初起火灾的程序和措施；

（五）通信联络、安全防护救护的程序和措施；

（六）其他需要明确的内容。

第四十条　学校实验室应当有针对性地制定突发事件应急处置预案，并将应急处置预案涉及的生物、化学及易燃易爆物品的种类、性质、数量、危险性和应对措施及处置药品的名称、产地和储备等内容报学校消防机构备案。

第四十一条　校内消防安全重点单位应当按照灭火和应急疏散预案每半年至少组织一次消防演练，并结合实际，不断完善预案。

消防演练应当设置明显标志并事先告知演练范围内的人员，避免意外事故发生。

第七章　消防经费

第四十二条　学校应当将消防经费纳入学校年度经费预算，保证消防经费投入，保障消防工作的需要。

第四十三条　学校日常消防经费用于校内灭火器材的配置、维修、更新，灭火和应急疏散预案的备用设施、材料，以及消防宣传教育、培训等，保证学校消防工作正常开展。

第四十四条　学校安排专项经费，用于解决火灾隐患，维修、检测、改造消防专用给水管网、消防专用供水系统、灭火系统、自动报警系统、防排烟系统、消防通讯系统、消防监控系统等消防设施。

第四十五条 消防经费使用坚持专款专用、统筹兼顾、保证重点、勤俭节约的原则。

任何单位和个人不得挤占、挪用消防经费。

第八章 奖 惩

第四十六条 学校应当将消防安全工作纳入校内评估考核内容，对在消防安全工作中成绩突出的单位和个人给予表彰奖励。

第四十七条 对未依法履行消防安全职责、违反消防安全管理制度、或者擅自挪用、损坏、破坏消防器材、设施等违反消防安全管理规定的，学校应当责令其限期整改，给予通报批评；对直接负责的主管人员和其他直接责任人员根据情节轻重给予警告等相应的处分。

前款涉及民事损失、损害的，有关责任单位和责任人应当依法承担民事责任。

第四十八条 学校违反消防安全管理规定或者发生重特大火灾的，除依据消防法的规定进行处罚外，教育行政部门应当取消其当年评优资格，并按照国家有关规定对有关主管人员和责任人员依法予以处分。

第九章 附 则

第四十九条 学校应当依据本规定，结合本校实际，制定本校消防安全管理办法。高等学校以外的其他高等教育机构的消防安全管理，参照本规定执行。

第五十条 本规定所称学校二级单位，包括学院、系、处、所、中心等。

第五十一条 本规定自 2010 年 1 月 1 日起施行。